AF475430

TÉRATOLOGIE ENTOMOLOGIQUE

RECUEIL

DE

COLÉOPTÈRES ANORMAUX

Par feu M. S. MOCQUERYS

Réimprimé par les soins de la Société des Amis des Sciences naturelles de Rouen

AVEC INTRODUCTION

Par M. J. BOURGEOIS

Secrétaire de la Société des Amis des Sciences naturelles, membre de la Société entomologique de France, etc.

ROUEN

IMPRIMERIE LÉON DESHAYS

Rue des Carmes, 58.

—

1880.

RECUEIL

DE

COLÉOPTÈRES ANORMAUX

TÉRATOLOGIE ENTOMOLOGIQUE

RECUEIL

DE

COLÉOPTÈRES ANORMAUX

Par feu M. S. MOCQUERYS

Réimprimé par les soins de la Société des Amis des Sciences naturelles
de Rouen

AVEC INTRODUCTION

Par M. J. BOURGEOIS

Secrétaire de la Société des Amis des Sciences naturelles, membre de la
Société entomologique de France, etc.

ROUEN

IMPRIMERIE LÉON DESHAYS

Rue des Carmes, 58.

1880

INTRODUCTION

Lorsque, dans sa séance du 6 mars dernier, la *Société des Amis des sciences naturelles de Rouen* décida qu'une réimpression du *Recueil des Coléoptères anormaux* que notre regretté collègue M. S. Mocquerys avait publié par livraisons successives, serait faite à ses frais et distribuée à titre d'annexe au Bulletin de 1879, plusieurs membres manifestèrent le désir que cette nouvelle édition fût précédée d'une introduction, où les idées personnelles de l'auteur, sur les diverses anomalies qu'il avait fait connaître, seraient brièvement retracées. Maintes fois, j'avais entendu M. Mocquerys exprimer ses opinions à ce sujet. Aussi plusieurs de mes collègues, se rappelant les relations cordiales qui m'unissaient à cet entomologiste, eurent-ils la pensée de me confier la rédaction de cette préface. Assurément il eût mieux valu, dans l'intérêt même du livre, qu'un autre plus versé que moi dans la science tératologique se fût trouvé chargé de ce soin. Je me décidai néanmoins à accepter la tâche qui m'était offerte, heureux de contribuer, pour ma faible part, au témoignage de sympathique estime que notre Société a tenu à rendre à l'un de ses membres les plus distingués, heureux aussi d'avoir par là l'occasion de fixer en quelques pages le souvenir que m'ont laissé de nombreux et intéressants entretiens.

Les causes qui produisent les anomalies ou les monstruosités (1) entomologiques sont complexes. Les unes, que l'on peut appeler *générales* ont leur origine dans l'embryon et leurs effets sont les mêmes que ceux que nous voyons se manifester dans toutes les classes du règne animal; les autres, que j'appellerai *spéciales*, dérivent de la nature particulière des insectes et de leur mode de développement. Ainsi le *Carabus intricatus* figuré p. 45 présente à la patte droite de la deuxième paire, deux jambes articulées au même fémur. La cause qui a provoqué cette monstruosité est la même que celle qui produit, chez les mammifères par exemple, le phénomène tératologique qu'Isidore Geoffroy Saint-Hilaire a appelé la *Mélomélie* (2). Elle a sa source dans l'embryon ; c'est une cause générale. Tel n'est pas le cas de l'*Oryctes nasicornis* figuré p. 78 et dont chaque élytre offre une gibbosité très prononcée à sa partie postérieure. La cause de cette dernière déformation est inhérente au mode de développement particulier des insectes; comme nous le verrons plus loin, elle se rattache à un accident qui s'est produit dans le déploiement des élytres, lors du passage de l'état de nymphe à l'état adulte. C'est une cause spéciale.

(1) Nous employons indifféremment ces deux termes. Les auteurs, du reste, n'ont fait entre eux qu'une distinction relative, du *plus* au *moins*. Voir C. Dareste, *Recherches sur la production artificielle des monstruosités ou essai de tératogénie expérimentale*, p. 1.

(2) Is. Geoffroy Saint-Hilaire. *Histoire générale et particulière des anomalies de l'organisation chez l'homme et les animaux*, III, p. 275.

I. — MONSTRUOSITÉS GÉNÉRALES.

Les coléoptères décrits et figurés dans ce recueil, qui présentent ce genre de monstruosités, rentrent tous dans la catégorie de ceux dont Is. Geoffroy Saint-Hilaire a formé la deuxième tribu des monstres qu'il a appelés *parasitaires* (1). Cette tribu renferme ceux des sujets monstrueux dits *composés* (c'est-à-dire formés de l'union de deux ou plusieurs individus) chez lesquels « l'individu accessoire, inséré à « l'extérieur, est tellement imparfait, tellement inerte, tel- « lement subordonné à l'individu principal qu'il est difficile, « au premier aspect, de ne pas prendre celui-ci pour un « être unitaire, portant quelque parties surnuméraires. » (2)

La *Mélomélie* est une division de cette tribu (3). Elle est caractérisée par l'insertion d'un ou de plusieurs membres accessoires sur un ou plusieurs des membres normaux, ou, en d'autres termes, par le redoublement ou la multiplication des membres.

Les mélomèles entomologiques peuvent se diviser en trois catégories, suivant que la duplication ou la multiplication de l'organe affecte les élytres, les cuisses et les jambes, les tarses et les crochets.

a. *Mélomèles par élytres en plus.*

Trois individus affectant ce cas tératologique sont décrits et figurés dans le recueil. L'un d'entre eux, surtout, est

(1) Par opposition aux monstres composés *autositaires* où les deux sujets sont sensiblement égaux en développement.

(2) Is. Geoffroy Saint-Hilaire, *loc. cit.* III, p. 22 et 23.

(3) Id. *loc. cit.* III, p. 275.

intéressant (*Procrustes coriaceus*, p. 36) en ce que l'élytre rudimentaire accessoire présente en-dessous un vestige d'aile transparente, ce qui indique bien que cet organe est une véritable élytre surnuméraire et non pas, comme on aurait pu le croire, une excroissance accidentelle de l'élytre normale.

b. *Mélomèles présentant des cuisses et des jambes en plus.*

Quinze individus (p. 41-55) sont représentés et décrits.

c. *Mélomèles présentant des tarses et crochets en plus.*

Dix individus (p. 59-68).

Outre les cas dont nous venons de parler, le recueil renferme encore un grand nombre de sujets monstrueux *composés*, mais que nous ne pouvons appeler, à proprement parler, des *mélomèles*, parce que les organes dont ils présentent la multiplication ne sont pas considérés comme des membres (1). Ce sont les monstres offrant des antennes en plus, ou des palpes et des mandibules en plus.

a. *Antennes en plus.*

Cette catégorie est la plus nombreuse. Vingt trois cas (p. 3-26) sont figurés et décrits.

b. *Palpes et mandibules en plus.*

Quatre cas (p. 29-32).

CAUSES DES MONSTRUOSITÉS GÉNÉRALES OU PAR EXCÈS DANS LE NOMBRE DES PARTIES.

M. Mocquerys adoptait, pour expliquer la production de

(1) Cependant en adoptant la théorie de Savigny, qui considère les organes de la bouche comme des modifications de l'appareil locomoteur proprement dit, les monstres par excès de palpes et mandibules pourraient aussi être rangés au nombre des mélomèles.

ces monstruosités, la théorie émise en 1724, par Lémery (1), théorie que ce savant soutint à l'Académie des sciences, pendant près de dix-neuf années, contre Winslow et plusieurs autres physiologistes, parmi lesquels le célèbre Haller. Avant cette époque, les opinions des naturalistes relativement aux causes des monstruosités n'avaient pas dépassé ce qu'elles étaient déjà du temps des philosophes grecs Empédocle, Aristote et Démocrite. Les unes attribuaient la production des monstruosités à l'état de la liqueur séminale, à sa trop grande abondance ou à son insuffisance ; d'autres les rapportaient à certains défauts de constitution de l'appareil génital de la femelle on à des circonstances particulières tendant à troubler l'acte fécondateur. On allait même jusqu'à invoquer l'accouplement de deux êtres d'espèce différente ou l'*opération du démon* qui, d'après Licetus, est capable de faire dégénérer la liqueur séminale d'une espèce en celle d'un animal inférieur.

Avec Pierre-Sylvain Régis, en 1690, la question de l'origine des monstres entra dans une phase nouvelle que l'on peut appeler la phase de l'hypothèse des *germes originairement anormaux*, hypothèse suivant laquelle les monstres seraient issus de germes déjà eux-mêmes affectés de monstruosité. Cette théorie fut celle que soutint Winslow, intégralement d'abord, puis, à mesure qu'il cédait devant les arguments de Lémery, en la modifiant dans ce qu'elle pouvait avoir d'exclusif et d'absolu.

Lémery, au contraire, nia toujours l'existence des germes

(1) Louis Lémery naquit à Paris le 25 janvier 1677, et y mourut le 9 juin 1743. Il était le fils aîné du célèbre chimiste Nicolas Lémery que la ville de Rouen s'honore d'avoir compté au nombre de ses enfants, et dont une des rues porte le nom.

primitivement anormaux; toujours il s'éleva contre ce système « lequel, dit-il, n'a été imaginé par les auteurs que « pour épargner l'embarras de rendre raison de plusieurs « faits compliqués, dont la mécanique ne se présente qu'a- « près avoir bien médité sur chacun de ces faits. » — Suivant lui, un monstre double ou multiple n'est pas le produit d'un germe qui serait lui-même double ou multiple, mais bien de deux ou de plusieurs germes accolés et réunis par pression. Mais les physiologistes, et Lémery lui-même, étaient encore, à cette époque, imbus de la doctrine de la *préexistence des germes*. Cette doctrine fameuse, qui a régné si longtemps dans la science et a tant retardé le progrès des études embryogéniques, ne concordait pas avec les idées de Lémery; aussi avait-elle fourni à Winslow et à ceux qui partageaient ses vues, les principaux arguments dont ils s'étaient servis pour la combattre. Comment admettre, disait-on, que deux germes distincts, déjà existants et complétement formés, puissent, par leur fusion plus ou moins complète, donner naissance à un monstre double régulier? Aujourd'hui la doctrine de la préexistence est abandonnée et la théorie tératogénique de Lémery, au moins en ce qu'elle a d'essentiel, c'est-à-dire la dualité ou la pluralité primitive des embryons, est devenue celle de presque tous les physiologistes. « Je suis porté à croire, dit « M. H. Milne-Edwards dans ses *Leçons de physiologie et « d'anatomie comparée*, que beaucoup de phénomènes « tératologiques dépendent de ce que, dans certains cas, « le travail génésique effectué par le Métazoaire, au lieu « d'être monosomique, comme d'ordinaire, devient polyso- « mique; de sorte qu'un même blastoderme, au lieu de « produire un embryon unique, comme cela a lieu norma-

« lement chez tous les animaux supérieurs, donne naissance « à deux ou à plusieurs de ces corps, qui, en grandissant « se soudent entre eux, et constituent ainsi des monstres « doubles ou triples dans la portion de l'organisme où cette « fusion n'a pas eu lieu, mais simples là où elle s'est opérée « de bonne heure (1). »

M. Mocquerys, nous l'avons dit, s'était rallié purement et simplement à la théorie de Lémery. C'est par elle qu'il expliquait l'origine des monstruosités par excès dont ce recueil offre un si grand nombre d'exemples. Pour lui, un coléoptère qui présente une patte, une élytre ou une antenne double, par exemple, est le produit de deux germes réunis par pression et dont l'un a dû périr à l'exclusion des parties surnuméraires.

Aujourd'hui, pour être précis, il faudrait dire qu'un tel monstre est le produit de deux embryons développés dans un même blastoderme, qui, en grandissant, se sont soudés entre eux sur toute leur étendue, à l'exception de la portion de l'organisme qui présente la duplication.

II. MONSTRUOSITÉS SPÉCIALES OU PARTICULIÈRES AUX INSECTES.

Cette classe de monstruosités comprend :

a Les monstruosités par déficit dans le nombre des parties.

b Les monstruosités par développement incomplet.

(1) H. Milne-Edwards. *Leçons sur la physiologie et l'anatomie comparée de l'homme et des animaux*, VII, p. 422.

c Les monstruosités dans lesquelles la forme des téguments est modifiée par des boursouflures ou des gibbosités.

Les monstruosités par déficit peuvent elles-mêmes se subdiviser en deux catégories ; ou bien les parties manquent complètement ; ou bien elles ne sont qu'atrophiées et se trouvent réduites à des moignons qui rappellent plus ou moins la forme normale. Entre cette dernière classe et celle des monstruosités par développement incomplet, les points de contact sont nombreux et si nous n'avions pas tenu à respecter scrupuleusement la classification proposée par l'auteur pour le groupement de ces diverses anomalies (1), nous les eussions réunies.

Le recueil renferme neuf cas appartenant à la division des monstruosités par déficit dans le nombre des parties (p. 83-95), onze cas de développement incomplet (p. 133-142) et neuf cas de monstruosités par modification dans la forme des téguments (p. 71-80).

CAUSES DES MONSTRUOSITÉS SPÉCIALES AUX INSECTES.

Toutes les monstruosités que nous avons appelées *spéciales* prennent naissance pendant le passage de l'état de nymphe à celui d'insecte parfait. Pour nous rendre un compte exact de la manière dont elles peuvent se produire, il suffira de bien préciser les phénomènes qui s'accomplissent dans le corps de l'insecte pendant cette période de la métamorphose.

(1) Cette classification a fait l'objet de la 7e livraison parue en 1864.

« En sortant de la peau de la nymphe, dit M. Maurice « Girard, l'insecte gonflé et humide, fatigué par ses efforts, « reste quelque temps immobile. Puis il retire de dessous « son corps ses pattes et ses antennes, et commence à les « agiter. Il soulève ses moignons d'ailes petites et épaisses, « présentant déjà en raccourci, mais dans l'ordre voulu, « les dessins et les couleurs que les ailes déployées offriront « bientôt amplifiés. Peu à peu le mouvement des ailes « s'accélère et devient une rapide vibration. L'insecte « tourne sur lui-même et présente tour à tour chaque aile « à l'air libre. En même temps, par de fortes inspirations, « il fait pénétrer l'air dans ses trachées, et cet air passe « dans l'intérieur des nervures et des nervules, et donne à « ces supports de l'aile la consistance qui leur man- « quait. » (1) Dans cette description, aussi exacte que concise, le savant entomologiste que nous avons cité a eu surtout en vue ce qui se passe chez les lépidoptères ; mais le développement des coléoptères s'opère de la même manière et ce qui est vrai pour les ailes ou les élytres s'applique également aux autres parties du corps.

On conçoit facilement que, dans ce déploiement des organes, divers accidents puissent se produire.

D'abord il peut arriver que l'insecte, par suite de son état de faiblesse provenant soit d'un jeûne forcé de la larve, soit de toute autre cause accidentelle, n'ait pas la force nécessaire pour déployer toutes ses parties. Il en résultera l'absence de certaines d'entre elles (tel est le cas de l'anomalie figurée p. 83 affectant un *Heterogomphus Thoas)* ou bien l'incomplet développement de quelques-unes.

(1) Maurice Girard. *Traité élémentaire d'entomologie*. Introduction, p. 106.

Le phénomène inverse peut avoir lieu si l'insecte, à un moment donné, introduit en trop grande quantité ou avec trop de force l'air dans certaines parties de ses téguments. C'est à une action de ce genre que l'auteur du recueil attribue la production des gibbosités élytrales (p. 71-80). « Si « l'air, dit-il, est introduit avec trop de force ou en trop « grande quantité entre les deux lames d'une élytre, il en « résultera leur désunion ; puis l'effort ou la dilatation « aidant, l'écartement des deux lames de l'élytre produira « une gibbosité en rapport avec leurs résistances relatives. » — Et il ajoute : « Sauf plus mûr examen, je crois que les « gibbosités n'ont pas d'autres causes. »

Un troisième cas est celui où le membre dont le déploiement doit s'opérer par l'afflux de l'air que l'insecte aspire dans ses trachées présente, à sa jonction avec le corps, un orifice insuffisant pour le passage du fluide extenseur. Dans ce cas, le membre sera atrophié dans toute son étendue, tels sont les cas figurés p. 84, 87, 90, 91, 92, 93, etc.

Enfin, il peut se faire aussi qu'au lieu de se manifester à l'origine du membre, l'obstacle se soit produit en un point quelconque situé sur le trajet du fluide extenseur, par suite d'une pression accidentelle ou de toute autre cause. Alors l'atrophie ne se manifestera qu'à partir du point où le passage a été intercepté, tandis que la partie située en avant de ce point sera généralement tuméfiée par l'accumulation insolite de l'air entre ses téguments. Tels sont les cas représentés p. 86, 88, 89, 95, etc.

On comprendra aisément que les anomalies par *développement incomplet* puissent avoir pour cause soit l'une, soit l'autre de celles que nous venons de mentionner. De toutes les parties de l'insecte, les élytres sont celles qui offrent le plus grand nombre de cas de ce genre. M. Mocquerys avait fait, à ce propos, deux remarques judicieuses. La première, au sujet d'un *Necrophorus germanicus* (p. 133) dont toutes les parties, sauf les élytres, étaient parfaitement déployées, d'où il concluait que le déploiement des élytres est le travail le plus difficile que la nymphe ait à exécuter. La seconde lui a fourni l'occasion de démontrer que la soudure de ces organes, chez les coléoptères qui les ont d'une seule pièce, ne s'opère qu'après leur complet déploiement (Voir p. 80 et 138).

III. PSEUDO-HERMAPHRODISME.

Nous distinguons sous ce nom un genre d'anomalies très curieuses affectant certains individus qui offrent à la fois les caractères extérieurs du mâle et ceux de la femelle. Ces cas sont surtout fréquents chez les lépidoptères ; mais les coléoptères en présentent aussi plusieurs exemples.

Le recueil renferme un cas de ce genre affectant un *Melolontha vulgaris* mâle (p. 87) dont l'autenne droite est avortée et a l'apparence de celle d'une femelle. L'auteur a rangé cette anomalie dans la catégorie des monstruosités par déficit. « Un moment, dit-il, j'avais espéré trouver un « hermaphrodite, mais j'ai acquis la preuve que c'était un « mâle. »

IV. ANOMALIES SANS CAUSES APPRECIABLES.

Sous ce titre le recueil renferme les descriptions de vingt-sept anomalies sur les causes desquelles l'auteur n'a pu se prononcer d'une manière certaine. Beaucoup d'entre elles cependant doivent être rattachées à la classe des *monstruosités spéciales* et provenir d'un accident arrivé à la nymphe au moment de son passage à l'état adulte.

Un mot encore sur l'exécution matérielle de ce recueil. Une très grande partie des figures qu'il renferme ont été gravées par l'auteur; il nous a été possible de réunir la série complète de tous les bois. M. Mocquerys avait laissées inachevées les descriptions d'un certain nombre de monstruosités qui devaient, dans sa pensée, former la onzième livraison de son ouvrage. Nous les avons complétées.

Enfin nous espérons que le public entomologique accueillera avec bienveillance ce livre; il résume un labeur de bien des années et nous ne pensons pas qu'il en ait été publié jusqu'à présent un seul qui offre une série aussi nombreuse de monstruosités dans l'ordre unique des coléoptères.

La collection Mocquerys ayant été acquise par la ville de Rouen pour son Muséum d'histoire naturelle, les spécimens désignés dans le cours de l'ouvrage comme appartenant à l'auteur, font actuellement partie des collections de cet établissement scientifique.

Rouen, 29 février 1880.

J. BOURGEOIS.

1re CLASSE

MONSTRUOSITÉS PAR EXCÈS.

Antennes en plus.

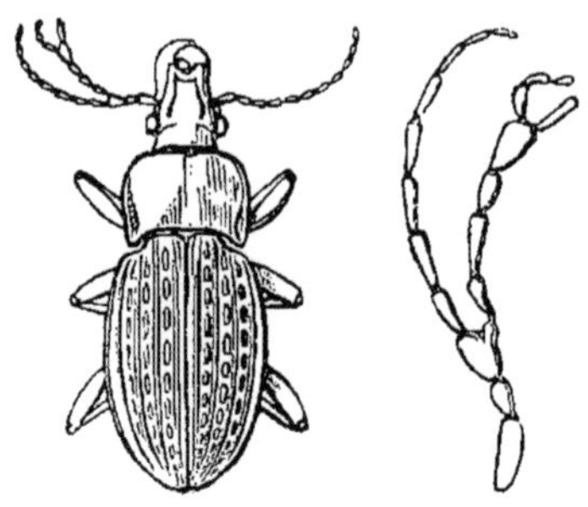

CARABUS MONILIS Fab.

Du troisième article de l'antenne gauche notablement modifié partent deux branches, dont une, l'externe, est composée de huit articles normaux. Les articles de l'autre branche vont en grossissant jusqu'au quatrième, duquel partent deux rameaux, dont un composé de trois articles et l'autre d'un seul, ce qui porte à dix-neuf le nombre de ces derniers.

Bien que je me serve des mots branches et rameaux, il n'entre pas dans ma pensée qu'il y ait eu analogie dans la production de cette anomalie avec le développement d'une branche ou d'un rameau végétal.

Je crois que c'est le contraire qui est vrai, attendu que j'adopte l'opinion du savant français Lémery, qui a dit : « Les monstres par excès qui ont un ou plusieurs membres surnuméraires les tiennent d'un autre germe dont tout le reste a péri *. »

Chose remarquable, c'est qu'à toutes les antennes ramifiées qu'il m'a été possible de voir jusqu'à ce jour, j'ai constamment trouvé qu'en ajoutant à leur principale branche le nombre des articles qui la précédaient, cela donnait le nombre exact des articles que comporte l'espèce dans son état normal **.

Ce curieux insecte m'a été donné par M. le comte Georges de Mniszech.

Collection Mocquerys.

* Œuvres d'Histoire Naturelle et de Philosophie de Charles Bonnet. — Neuchâtel, 1779, tome 3e, page 524.

** Cette observation ne s'est pas trouvée confirmée par la suite. J. B.

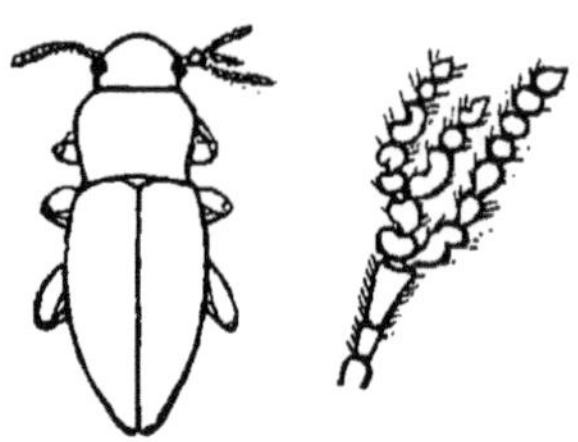

BLAPS ATTENUATA Fischer

Antenne droite trifurquée et composée de vingt articles.

L'étrange anomalie de cet insecte autorise à le classer dans une division que l'on pourrait dénommer par excédant.

Je considère cette division comme la plus intéressante; car la production en plus de tout ou partie d'un organe entraîne non seulement celle de la charpente osseuse ou cornée, mais encore celle des muscles pour la mouvoir, puis des nerfs et du système sanguin.

Tout cela réuni constitue à mes yeux un phénomène très intéressant.

Cet insecte a été trouvé dans la vallée de la Tchernaïa, près Sébastopol, par M. Marie, capitaine au 81ᵉ de ligne, et m'a été donné par M. Aubert, entomologiste à Amiens.

Collection Mocquerys.

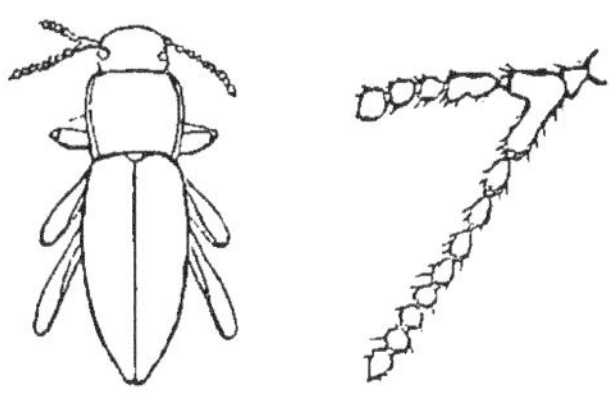

BLAPS CYLINDRICA Fischer

Antenne gauche bifurquée d'inégale longueur et composée de quinze articles.

La bifurcation part du troisième article, qui est plus grand et modifié un peu en forme d'Y, comme l'indique la gravure.

Une des branches a huit articles, et l'autre quatre seulement.

Cet insecte a été recueilli dans la vallée de la Tchernaïa, près Sébastopol, par M. Marie, capitaine au 81e de ligne.

Il m'a été donné par M. Aubert, entomologiste à Amiens.

Collection Mocquerys.

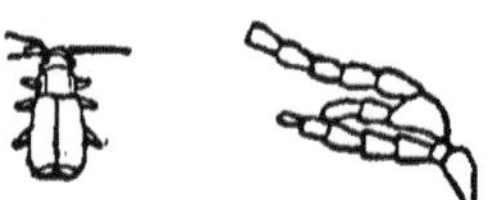

MALACHIUS MARGINELLUS Fab.

Cette jolie petite espèce, dont l'antenne gauche, composée de quinze articles, se ramifie en trois branches d'une manière toute particulière, comme l'indique la gravure, a été trouvée à Paris par M. Martin, lépidoptériste, qui a bien voulu s'en dessaisir en ma faveur.

Collection Mocquerys.

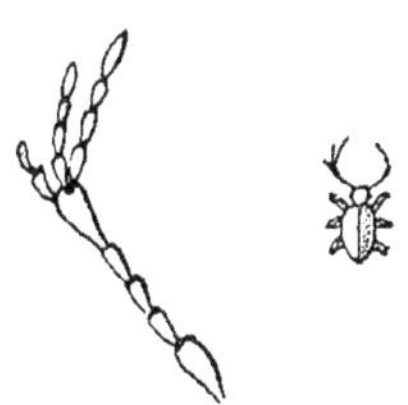

PTINUS LATRO Fab.

Antenne gauche trifurquée et composée de quinze articles. Du cinquième article, qui est élargi à son extrémité, partent les trois rameaux, dont deux composés de quatre articles chacun et le rameau externe de deux articles seulement.

Cet insecte m'a été donné par M. Martigné, qui l'a trouvé à Saumur.

Collection Mocquerys.

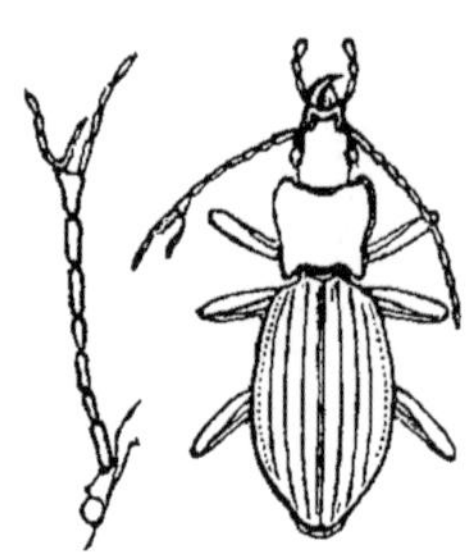

CARABUS AURONITENS Fab.

Du septième article de l'antenne gauche, notablement élargi à sa partie antérieure, partent trois rameaux, dont deux composés chacun de quatre articles et un de deux, ce qui porte à dix-sept le nombre total des articles de cette antenne.

Toutes mes observations au sujet du *Carabus Monilis* représenté page 3, sont applicables à celui-ci.

Cet intéressant insecte a été capturé à Plombières (Vosges) par M. de La Cuisine, qui m'en a fait don.

Collection Mocquerys.

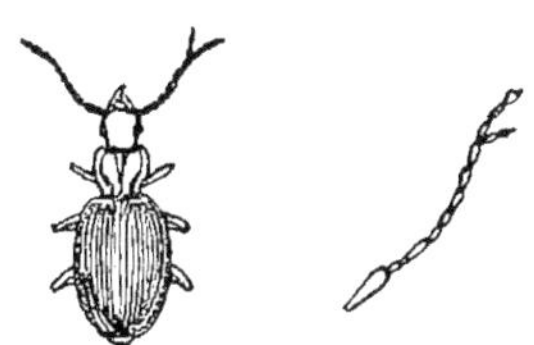

ANCHOMENUS ANGUSTICOLLIS Fab.

Du huitième article de l'antenne droite de cet insecte part un petit rameau composé de deux articles, ce qui porte à treize le nombre de ces articles.

Trouvé près de Rouen par M. E. Mocquerys.

Collection Mocquerys.

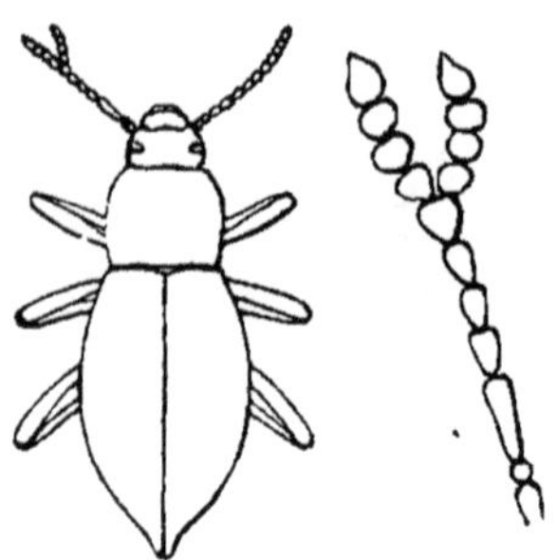

BLAPS CHEVROLATI Solier

Antenne gauche bifurquée et composée de quinze articles.

La bifurcation part du septième, et chacune des branches se forme de quatre articles.

Trouvé à Rouen par M. Victor Lalande, qui m'en a fait don.

Collection Mocquerys.

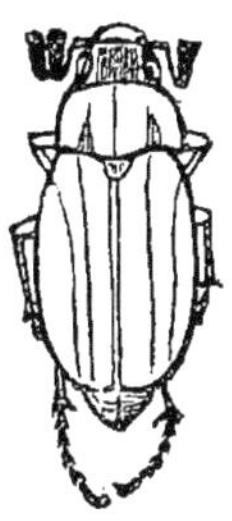

MELOLONTHA VULGARIS Fab.

Figure, au trait, d'un *Melolontha vulgaris,* qui a, du côté gauche de la tête, une antenne double composée de quatorze feuillets; la partie inférieure est un peu déprimée à son centre, et les deux feuillets du milieu sont un peu moins longs que tous les autres, ce qui aide à reconnaître la duplicature de l'organe.

Trouvé à Rouen, par M. E. Mocquerys, en avril 1852.

Collection Mocquerys.

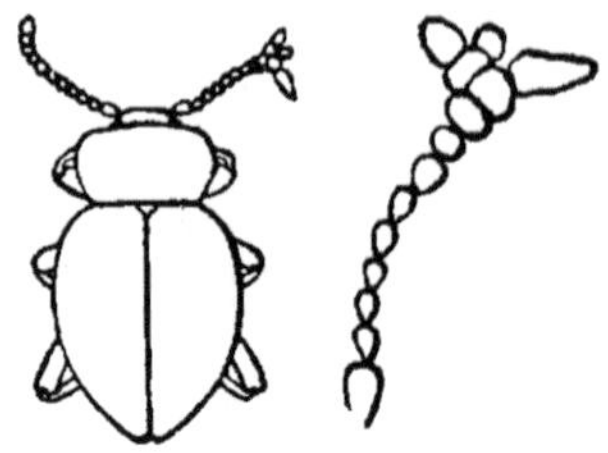

TIMARCHA TENEBRICOSA Fab.

Antenne droite composée de quatorze articles.

Cet insecte, intéressant seulement par la difformité de son antenne, a été réduit en poudre chez le dessinateur. Cependant, comme le dessin était terminé avant l'accident, j'ai pensé devoir le reproduire ici, pour ne pas réduire arbitrairement le nombre, assez petit déjà, de ces éléments d'appréciation sur la rareté relative des anomalies dans les diverses espèces de coléoptères.

STRANGALIA ATRA Fabr.

A l'antenne gauche, un rameau composé de deux articles porte à treize le nombre de ces derniers.

C'est sur le premier article de l'antenne qu'est implanté le rameau, comme l'indique la partie d'antenne grossie.

Cet insecte a été trouvé à Paris par M. Picart, amateur, qui a bien voulu me le céder.

Collection Mocquerys.

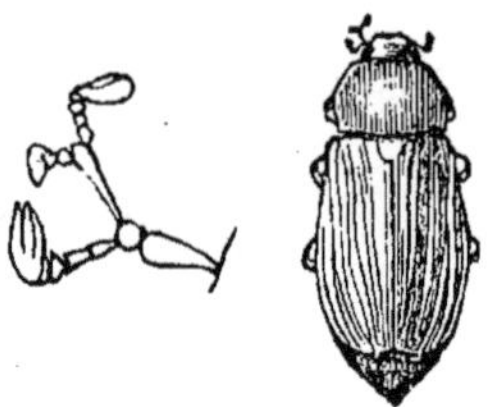

AMPHIMALLUS SOLSTITIALIS Linn.

L'antenne gauche de cet insecte est ramifiée en trois branches, terminées par une masse pleine ou feuilletée. La première masse est divisée en trois parties, la deuxième n'offre aucune division, et la troisième se partage en deux feuillets d'inégal volume.

Le dessin grossi de l'antenne reproduit exactement ces particularités.

Cet insecte a été capturé et m'a été donné par M. Bayle, d'Aigueperse (Puy-de-Dôme).

Collection Mocquerys.

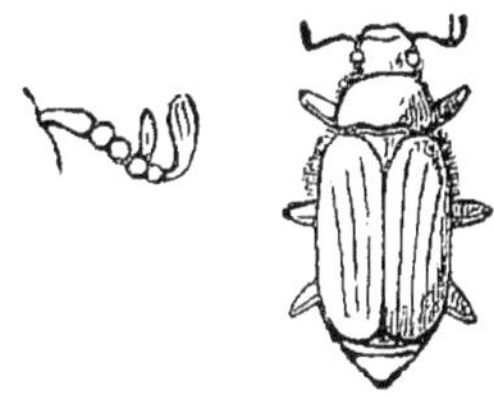

RHIZOTROGUS ÆQUINOCTIALIS Herbst

L'antenne droite de cet insecte porte deux masses feuilletées, celle qui est en plus est articulée sur le quatrième article.

Capturé à Evreux par M. E. Mocquerys.

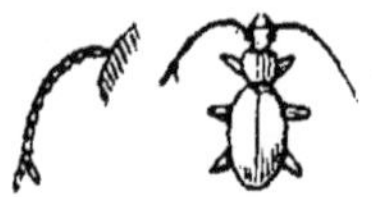

ANCHOMENUS ALBIPES Fab.

L'antenne gauche de cet insecte se termine par deux articles, dont un de plus, de telle sorte que cet organe se termine par une bifurcation.

Cet insecte, dont l'anomalie est peu considérable, a été gravé par moi, en bon souvenir de feu M. Racine, de Dieppe, qui me l'a donné.

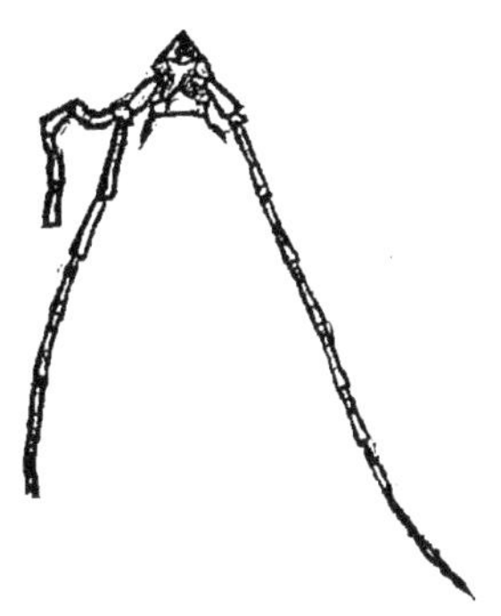

AROMIA MOSCHATA LIN.

Le deuxième article de l'antenne droite * donne l'articulation à un rameau d'antenne composé de quatre articles, qui devaient être suivis d'un plus grand nombre, puisque le dernier possède une cavité articulaire. L'autre antenne, quoique normale, est également tronquée à son extrémité.

Je saisis l'occasion de remercier le donateur de cet insecte, qui, jusqu'à présent, m'est inconnu.

* Ce dessin représente l'insecte à l'envers.

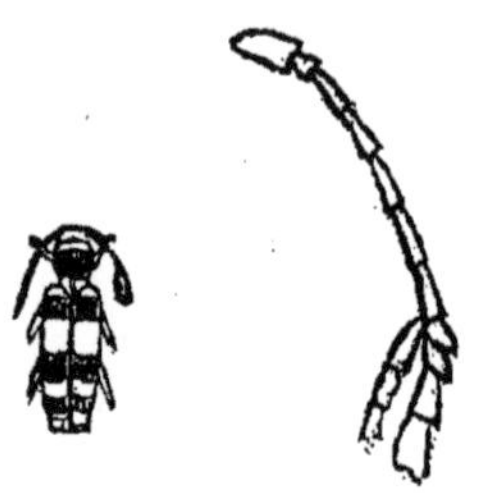

CLYTUS TRICOLOR Chevrolat

Patrie : MEXIQUE

Le septième article de l'antenne gauche * reçoit l'articulation d'un rameau d'antenne composé de trois articles.

A partir de la bifurcation, les quatre articles qui composent l'antenne sont beaucoup plus gros qu'à l'état normal.

Cet insecte m'a été communiqué par M. Aug. Sallé, qui a exploré le Mexique à la recherche des coléoptères et qui en a rapporté un grand nombre d'inconnus, parmi lesquels était ce Clytus.

* Ce dessin représente l'insecte à l'envers.

CLYTUS ARCUATUS Fab.

Le premier article de l'antenne du côté gauche *, qui s'élargit à son extrémité, donne l'articulation à deux branches : l'une, intérieure, possède trois articles ; l'autre, extérieure, est contournée et composée d'articles confondus n'ayant aucun rapport entre eux, ni avec la forme qu'ils possèdent à l'état normal.

La gravure, grossie au double, rend parfaitement compte de la monstruosité.

Cet insecte m'a été offert par M. Tappe, par l'entremise de M. H. Deyrolle.

* Ce dessin représente l'insecte à l'envers.

HELOPS LANIPES Fab.

Le huitième article de l'antenne gauche *, qui a un volume plus développé, donne attache à deux articles assez grêles. Le développement insolite du huitième article fait supposer qu'il a absorbé l'article qui manque.

Cet insecte a été capturé en Alsace par M. J. Bourgeois, qui m'en a fait don.

* Ce dessin représente l'insecte à l'envers.

TÊTE DE MELOLONTHA VULGARIS FAB.

Dont le deuxième article de l'antenne du côté gauche * reçoit l'articulation d'une deuxième massue plus longue, mais moins volumineuse que la normale.

Capturé, par mon fils, à Evreux.

* Ce dessin représente l'insecte à l'envers.

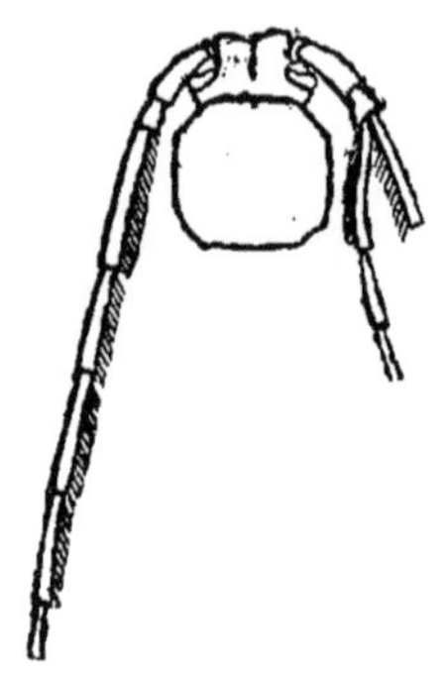

SELENOPHORUS STREPENS Fab.

Patrie : ALGER

Le deuxième article de l'antenne droite possède un rameau d'antenne composé de trois articles.

Malgré la perte de l'extrémité de la branche principale, il n'en reste pas moins une monstruosité par excès.

Cet insecte m'a été donné par M. Lucas, du Muséum de Paris.

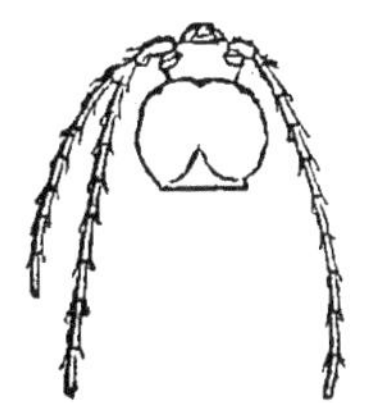

CALLIDIUM VARIABILE Lin.

Le troisième article de l'antenne gauche, très élargi à son extrémité, a reçu l'articulation de deux antennes,

L'une, dirigée vers l'extérieur, est composée de sept articles; l'autre rapprochée du corps, en possède onze comme à l'état normal.

Cet insecte, que M. Lucas a eu l'obligeance de me communiquer, fut capturé à Paris, en 1834, par M. Boulard, et fait partie de la collection qu'il a donnée au Muséum de Paris.

CALOPTERON RETICULATUM Fab., var. DORSALE Newm.

Patrie : ETATS-UNIS.

Cet insecte intéressant offre du côté gauche, outre l'antenne normale, une paire d'antennes plus petites, mais conformées de la même manière. Cette paire supplémentaire est articulée entre l'œil et l'antenne normale.

J'ai déjà donné, page 3, au sujet d'un *Carabus monilis* présentant une anomalie semblable, mon opinion sur les causes de ces productions en plus.

Je dois cet insecte à M. le Dr Haag-Rutenberg, de Francfort-sur-le-Mein, qui me l'a offert par l'entremise de M. J. Bourgeois.

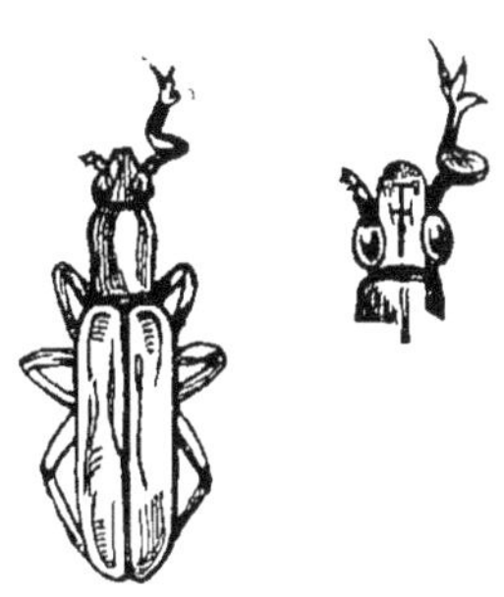

ANONCODES DISPAR Dufts. (♀).

Patrie : BASSES-ALPES.

L'antenne droite de cet insecte présente une forme très singulière. Les articles 1 à 3 n'offrent rien de particulier, quoique un peu plus ramassés que chez les individus normaux ; à partir du 4e, les articles se soudent entre eux, l'antenne se contourne sur elle-même et se termine par deux articles insérés à peu près au même point ; l'extérieur, élargi, se bifurque à son extrémité en deux branches et semble représenter l'avant-dernier article modifié des exemplaires normaux ; l'autre, allongé et pointu, paraît être l'analogue du dernier. L'extrémité de ces deux articles ainsi modifiés est d'un rouge ferrugineux, alors que la couleur normale des antennes est entièrement noire.

Collection Mocquerys.

Palpes et Mandibules en plus.

—

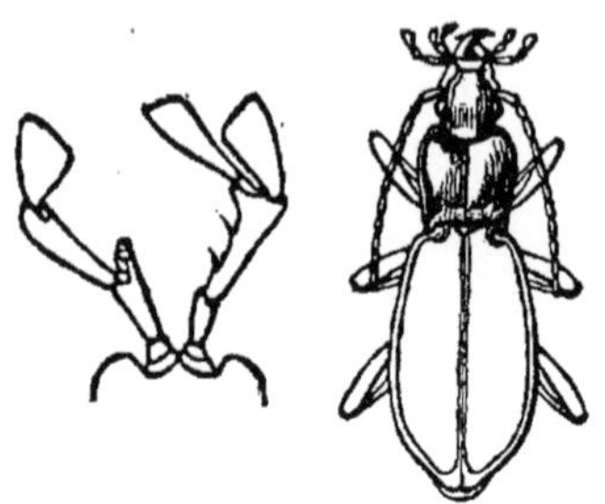

CARABUS SPLENDENS Fabr.

Ce brillant insecte présente son palpe labial du côté gauche terminé par deux articles, ainsi que l'indique la gravure.

Collection Mocquerys.

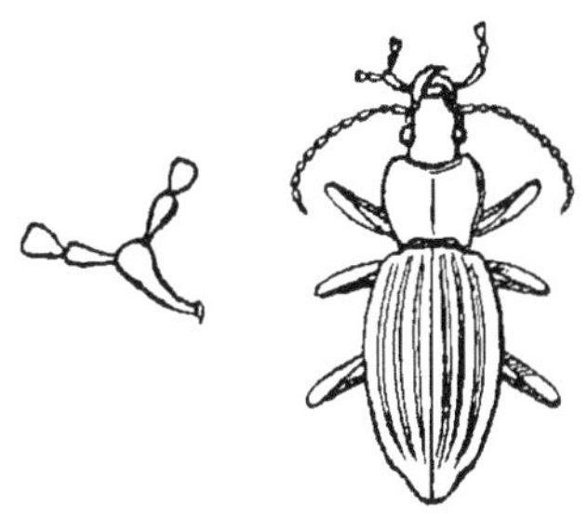

CARABUS AURATUS Lin.

Palpe maxillaire du côté gauche bifurqué.

Du premier article du palpe partent deux rameaux composés chacun de deux articles, ce qui porte à cinq le nombre de ces derniers.

Trouvé dans la terre avant son entière coloration et la solidification des élytres, par M. Migneaux, dessinateur et graveur à Paris, qui m'en a fait don.

Collection Mocquerys.

LUCANUS CERVUS Lin.

La partie antérieure des mandibules offre les indices difformes de celles d'un mâle.

Il ne me reste cependant aucun doute sur le sexe de cet individu, car j'ai détaché l'abdomen pour savoir s'il n'y avait pas un rudiment du membre sexuel, et je n'ai trouvé que des œufs.

Cet insecte a été capturé et m'a été offert par **M.** Bayle, d'Aigueperse (Puy-de-Dôme).

Collection Mocquerys.

CARABUS PURPURASCENS Fab.

Cet insecte, dont je n'ai représenté que la tête et le corselet, porte du côté gauche un palpe labial en plus.

Il a été capturé par M. Levoiturier, d'Elbeuf, qui m'en a fait don.

Je crois devoir faire remarquer ici que c'est sur cette espèce qu'il m'a été donné d'observer le plus grand nombre d'anomalies et de cas pathologiques intéressants (voir, entre autres cas pathologiques, celui que j'ai fait connaître dans le *Bulletin de la Société des Amis des Sciences naturelles de Rouen,* année 1877, 1er semestre, p. 37).

Collection Mocquerys.

Elytres en plus.

—

ORNITHOGNATHUS GENEROSUS MURRAY*

Il existe à l'élytre gauche un appendice partant de la partie humérale, se dirigeant en dehors presque à angle droit, puis se courbant vers le bas à son extrémité.

Dans cet appendice il est facile de reconnaître une élytre entière, pliée en deux longitudinalement et un peu chiffonnée à son milieu. Ce pli longitudinal n'est pas tellement serré qu'on ne puisse voir le dessous de l'élytre, et juger qu'il ne lui a manqué qu'un moule pour avoir la forme, la longueur et la largeur d'une élytre normale ; la couleur violette des élytres est aussi brillante sur celle-ci que sur les deux autres.

Cet insecte remarquable vient du Vieux-Calabar ; il m'a été donné par M. Murray, d'Edimbourg (Ecosse).

COLLECTION MOCQUERYS.

* D'après la gravure, on pourrait croire que l'élytre gauche est plus courte que celle de droite ; elle est seulement un peu plus atténuée à sa partie postérieure et recourbée sous l'abdomen.

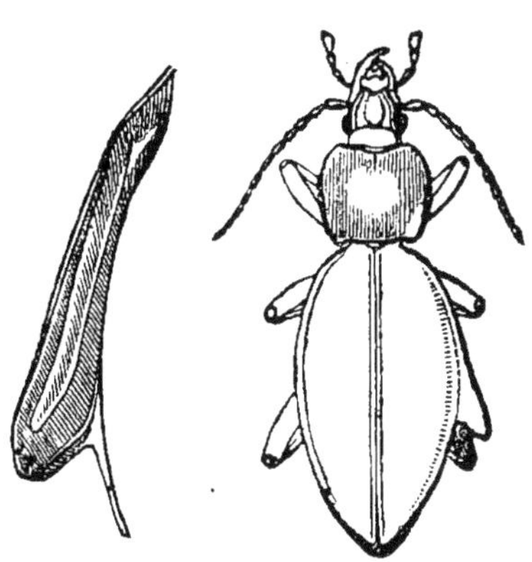

PROCRUSTES CORIACEUS Lin.

Elytre rudimentaire en plus. L'appendice que l'élytre droite présente prend naissance au sommet du bord huméral externe et se prolonge, en s'élargissant, jusqu'aux deux tiers environ de la longueur de ce membre, où il se termine par une pointe obtuse, laissant une échancrure entre elle et l'élytre normale. Cet appendice a tous les caractères d'une véritable élytre : le dessus présente la même granulation, et le dessous porte une aile libre dans presque toute sa longueur, fixée seulement à sa partie antérieure vers l'humérus.

Le détail gravé représente l'appendice vu en dessous et permet de voir dans quelles proportions l'aile *exceptionnelle* du rudiment d'élytre est au tout.

Ce curieux insecte a été capturé et m'a été offert avec plusieurs autres par M. Rouget.

Collection Mocquerys.

CHRYSOMELA *HYBRIDE* { BANKSI FAB. / STAPHYLÆA LIN.

Moignon d'élytre en plus.

Cet insecte, qui m'a été cédé par M. Deyrolle comme provenant de la collection de feu M. Vaudouer, de Nantes, offre un intérêt tout particulier.

En effet, une étiquette écrite des deux côtés, très probablement de la main de cet amateur, porte :

« Adultérine, 1er couple, { Banksi femelle, / Staphylæa mâle. »

(Revers). « Individu défectueux, né chez moi le 17 mai 1833, — a un moignon d'élytre. »

Ces deux notes autorisent assez, ce me semble, à penser que cet observateur, ayant rencontré un accouplement anormal, en a recueilli et élevé les produits, qui lui ont donné pour résultat un individu participant des deux espèces.

L'influence du mâle se manifeste sur la taille (8 mill.), et surtout sur la coloration, qui est d'un ton cuivreux moins foncé que la *Banksi* et à reflets jaunes.

Les angles postérieurs du corselet atteignent la largeur des angles extérieurs de la base des élytres.

J'attribue cette largeur extraordinaire du corselet à l'échancrure qui s'est produite pour donner passage au moignon d'élytre anormal et pour le loger.

La ponctuation des élytres est aussi légère que dans la *Staphylaea*.

Cet hybride peut servir à reconnaître l'influence du mâle sur le germe dans cette espèce.

COLLECTION MOCQUERYS.

Cuisses et jambes en plus.

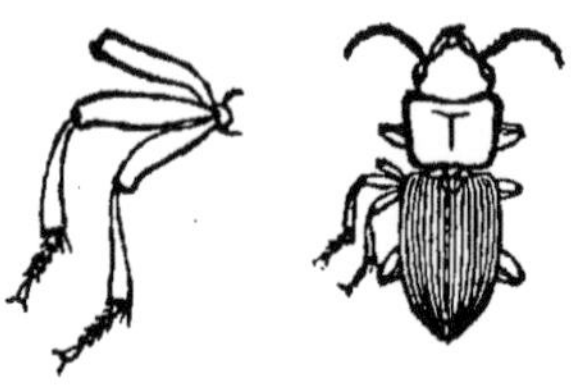

ACINOPUS LEPELLETIERI Lucas

Cuisse trifurquée, une jambe complète en plus.

La hanche intermédiaire du côté gauche présente, vers son centre, une petite élévation conique dont le sommet concourt à l'articulation linéaire * d'une cuisse, qui, peu après son articulation, s'élargit et se divise en trois branches ayant chacune le volume et l'étendue d'une cuisse normale. La plus antérieure de ces branches se termine par un moignon de jambe ; la médiane et la postérieure ont jambe, tarses et crochets, comme à l'état normal.

Ce curieux insecte a été capturé à Blidah (province d'Alger) par M. Grandin, capitaine au 1er régiment de chasseurs à cheval, qui a eu la bonté de me l'offrir.

Collection Mocquerys.

* Ou, si l'on veut, par *énarthrose*, mais seulement par rapport à la place qu'elle occupe, car les conditions manquent.

CLYTHRA QUADRIPUNCTATA Fab.

A la hanche antérieure gauche se rattachent, par trois articulations, trois pattes complètes aussi développées les unes que les autres.

Les trois articulations sont très rapprochées et forment un triangle. Deux sont placées en avant et la troisième en arrière ; celle-ci me paraît porter la patte normale des deux antérieures. La plus interne n'a pas pu servir à la locomotion, car elle présente le dos au plan de position.

Ce curieux insecte a été trouvé, en 1838, sur une haie, près de Vendôme, par M. Grandin, capitaine au 7e régiment de chasseurs à cheval, qui a eu la bonté de me l'offrir avec plusieurs autres.

Collection Mocquerys.

SILPHA NIGRITA Creutz.

Jambe double en plus. La cuisse intermédiaire droite se termine bien par une jambe normalement placée et constituée; mais, à un millimètre en arrière de l'articulation de cette jambe, il s'articule à la partie inférieure de la cuisse une jambe double et comme soudée dans toute sa longueur, laquelle est terminée par un tarse également double, armé de quatre crochets, comme l'indique le détail grossi.

Ce curieux insecte a été trouvé aux environs de Saumur, par M. Martigné, qui m'en a fait don.

Collection Mocquerys.

PIMELIA INTERSTITIALIS Solier

La cuisse postérieure gauche se termine par un élargissement qui permet les articulations distinctes des trois jambes qu'elle porte.

Deux de ces jambes ont conservé chacune un article de tarse.

Cet insecte, provenant d'Algérie, m'a été cédé par M. Deyrolle, naturaliste à Paris.

Collection Mocquerys.

CARABUS INTRICATUS Lin.

C. CYANEUS Fab. Dej.

Ce Carabus présente cette particularité d'avoir deux jambes articulées au même fémur; l'articulation fémoro-tibiale est double à la cuisse médiane du côté droit.

Dans la vie, les deux jambes pouvaient se mouvoir séparément, et elles concouraient à la locomotion.

Trouvé par M. Leroux (Michel), en janvier 1842, près Rouen.

Collection Mocquerys.

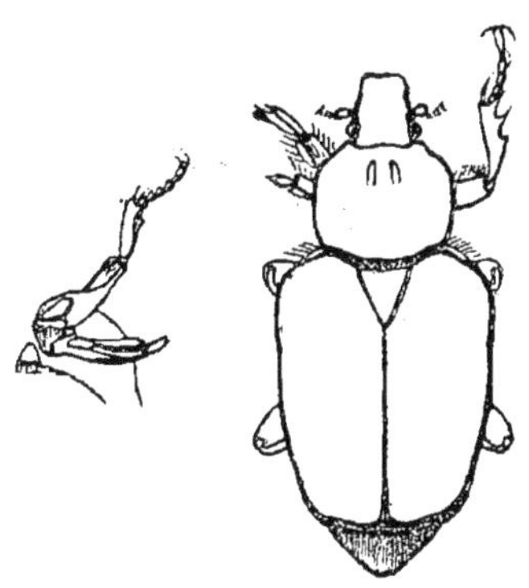

OSMODERMA EREMITA Scopoli

La branche antérieure gauche présente un trochanter, une cuisse et un moignon de jambe en plus.

Cet insecte a été trouvé et m'a été donné par M. Bayle, d'Aigueperse (Puy-de-Dôme).

Collection Mocquerys.

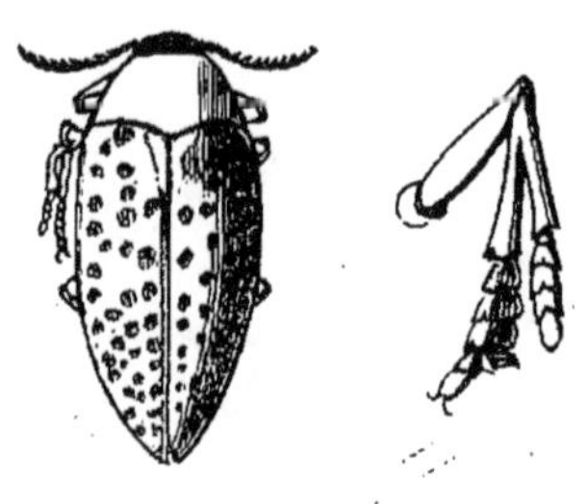

JULODIS AEQUINOCTIALIS Oliv.

CYANITARSIS Dej.

Jambe bifurquée.

La jambe intermédiaire du côté gauche, à environ un millimètre de son articulation fémoro-tibiale, s'élargit et se divise en deux branches d'inégale longueur; la plus interne, qui est aussi la plus grande, se continue par un tarse remarquablement modifié. Les quatre premiers articles, vus en dessous, présentent bien ces spongioles qui les font adhérer aux corps sur lesquels ils se posent; mais la partie opposée ou dorsale de ces mêmes articles est aussi garnie de spongioles un peu incurvées, formant ensemble une petite rainure longitudinale, comme pour recevoir le tarse de l'autre branche; cette dernière est un peu plus grêle et plus courte que l'autre, et se termine par un tarse de quatre articles dont le dernier porte une pointe de crochet.

Cet insecte du Sénégal m'a été offert par M. Moritz, naturaliste à Paris.

Collection Mocquerys.

ACANTHODERES NIGRICANS Dej.

Jambe bifurquée.

La jambe intermédiaire du côté gauche s'élargit vers son milieu et se divise en deux branches, dont une dirigée en dedans et l'autre en dehors; cette dernière porte à son extrémité un tarse normal; celle dirigée en dedans porte un tarse composé de trois articles, dont le dernier finit en pointe.

Je suppose que le tarse de la branche externe se terminait par un crochet double quand M. Migneaux l'a dessiné, mais je ne l'ai pas vu.

Cet insecte, provenant du Brésil, m'a été cédé par M. Deyrolle, naturaliste à Paris.

Collection Mocquerys.

TENEBRIO GRANARIUS Lentz.

Jambe postérieure du côté gauche ayant une apophyse à sa partie interne.

Cette apophyse, qui se termine brusquement, présente à son sommet une cavité qui, très probablement, concourait à l'articulation du tarse absent.

Cet insecte, de l'Amérique du Nord, m'a été cédé par M. Deyrolle, naturaliste à Paris.

Collection Mocquerys.

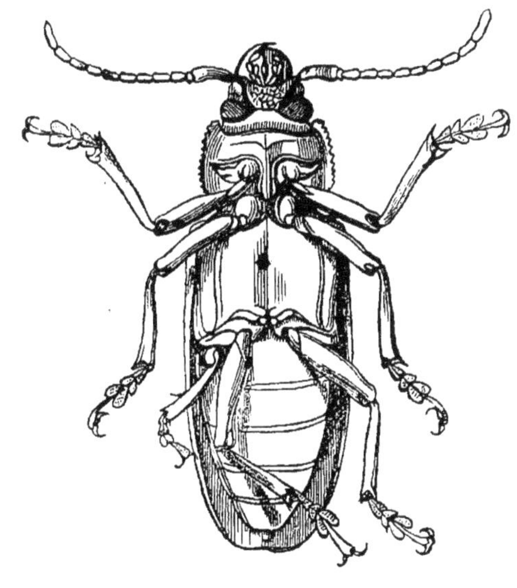

MALLODON N.

PATRIE : PARAGUAY.

A la partie externe de la hanche postérieure du côté droit est articulé un moignon de cuisse portant une jambe avec tarse et crochets, dans la proportion qu'indique la gravure.

Ce curieux insecte m'a été adressé avec cette indication particulière :

« Reçu par Vogt, mais trouvé probablement par le célèbre Rengger. »

COLLECTION DE M. LE SÉNATEUR DE HEYDEN

A Francfort-sur-le-Mein.

PRIONUS CORIARIUS Fab.

A la partie externe de la hanche postérieure du côté droit est articulée une cuisse suivie d'une jambe qui se termine par un tarse avec crochets, le tout d'un tiers environ au-dessous des proportions normales, ainsi que l'indique la gravure.

Ce curieux insecte a été capturé en 1832, par M. Hoffmann, à Rosenheim, près Munich, et il fait partie de la collection de M. de Heyden, sénateur, à Francfort-sur-le-Mein.

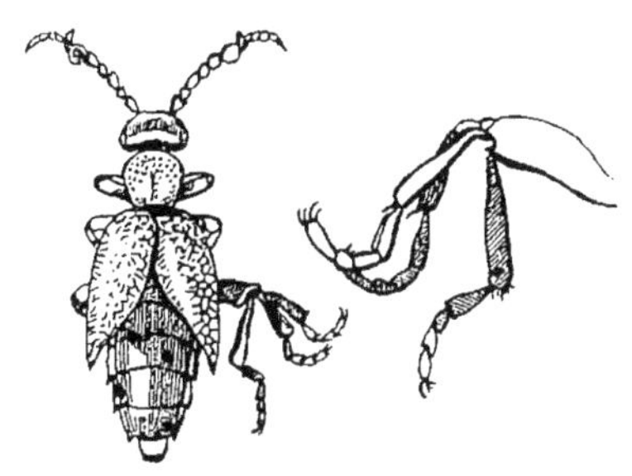

MELOE PROSCARABÆUS Fab.

A la cuisse postérieure du côté droit, un peu élargie à son extrémité, sont articulées trois jambes avec tarses et crochets; une seule de ces jambes pouvait servir à la progression, les deux autres étant tournées en sens inverse.

Ce curieux insecte a été trouvé en 1830, à Francfort, par M. de Heyden, sénateur, et fait partie de sa collection.

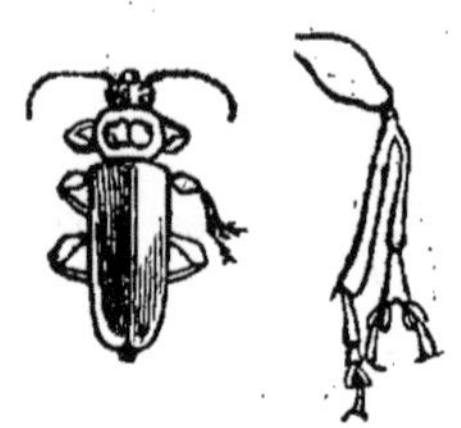

HYLOTRUPES BAJULUS Fab.

La jambe intermédiaire du côté droit se bifurque près de son articulation femoro-tibiale. La branche interne, ainsi que le tarse et les crochets qui la terminent, sont normalement développés. Le rameau de bifurcation est grêle et environ d'un tiers plus court que la jambe. Son extrémité porte un article de tarse très développé, qui reçoit les articulations de deux rameaux tarsiens, composés chacun de deux articles avec crochets.

Capturé en 1858, à Freiburg, par M. de Heyden fils, lieutenant au service de la ville libre de Francfort.

Collection de M. le Sénateur de Heyden,
à Francfort-sur-le-Mein.

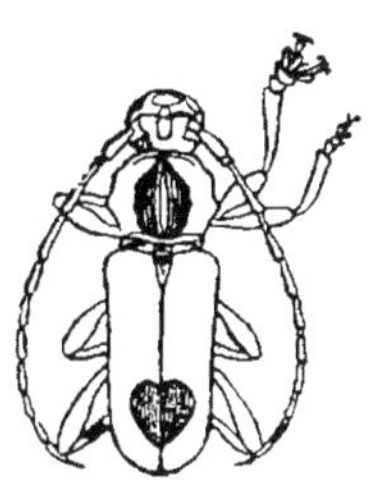

EURYCEPHALUS MAXILLOSUS Oliv.

Patrie : SIAM.

La cuisse antérieure du côté droit se bifurque dès son origine en deux branches ayant chacune le volume d'une cuisse normale. La branche dirigée en avant porte une jambe terminée par un tarse très élargi, et dont le dernier article reçoit deux doubles crochets.

L'autre branche se continue par une jambe, un tarse et deux crochets simples, comme à l'état normal.

Ce curieux insecte, provenant de Siam, m'a été donné par M. Grandin de l'Eprevier, major au 4e régiment de hussards.

Collection Mocquerys.

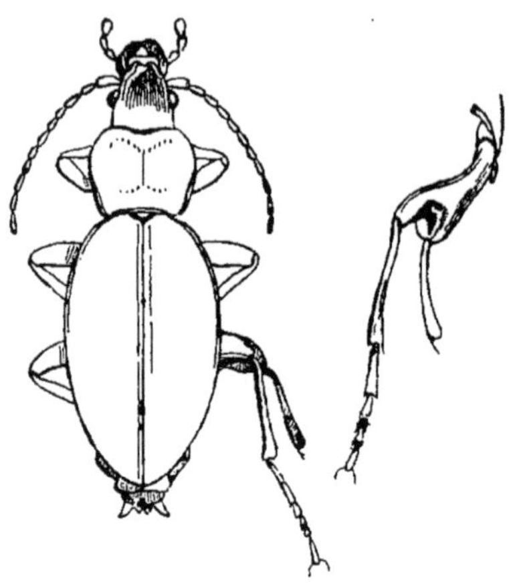

PROCRUSTES CORIACEUS Fab.

La cuisse postérieure du côté droit va en grossissant, et, près de son extrémité, la dilatation forme une tubérosité, au milieu de laquelle est articulée une jambe terminée par son épine. Au-dessus de ce produit anormal, on voit l'extrémité de la cuisse, à laquelle est articulée une jambe avec tarse et crochets, comme à l'état normal.

Trouvé à Worms (Hesse Rhénane) par le colonel Klingelhoffer.

Collection de M. le Sénateur de Heyden.

Tarses et crochets en plus.

—

HISTER CADAVERINUS Hoffm.

Jambe antérieure du côté droit ayant à son extrémité trois tarses complets.

On sait que, dans cette espèce, les jambes antérieures, qui vont en s'élargissant du fémur au tarse, sont creusées, à la face interne, d'un sillon ou scrobe pouvant loger en totalité le tarse, et que les jambes, rapprochées du corps, présentent dans cette circonstance leurs bords externes dentés d'avant en arrière, ce qui facilite la progression de l'insecte dans le milieu qu'il habite, tout en préservant les tarses.

La présence de trois tarses à la même jambe, surtout articulés à des points assez éloignés l'un de l'autre, a nécessité trois rainures pour les loger, une à l'extérieur et deux à l'intérieur. Pour ces dernières, comme les articulations sont fort écartées, les rainures sont d'abord séparées par une éminence à angle très aigu, qui permet leur réunion à son sommet.

Cet insecte m'a été donné par M. Fauvel, de Caen.

Collection Mocquerys.

TELEPHORUS EXCAVATUS Luc.

La jambe médiane du côté droit porte un tarse dont le premier article, d'une grosseur relativement considérable, donne naissance à deux rameaux, dont un composé de quatre articles et l'autre de trois.

Cet intéressant insecte, provenant d'Afrique, m'a été donné par M. Rouget, de Dijon.

Collection Mocquerys.

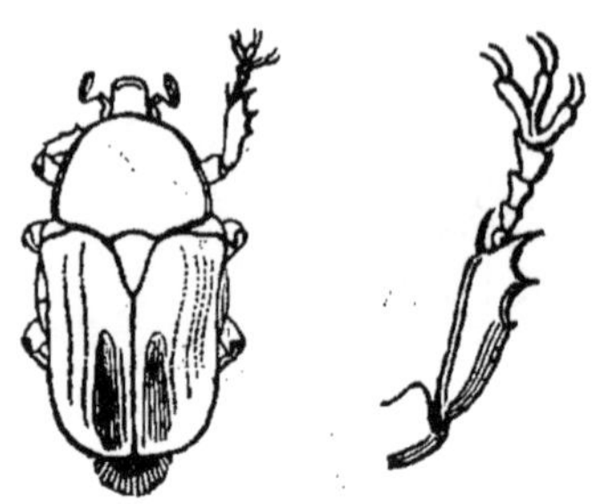

CETONIA OPACA Fab.

La jambe antérieure droite se termine par un tarse dont les trois premiers articles sont normalement conformés, le quatrième s'élargit à son extrémité, qui concourt à l'articulation du cinquième. Ce dernier article est trifurqué, et chacune des branches est terminée par un double crochet.

Ce curieux insecte a été capturé à Mostaganem (Algérie) par M. Grandin, capitaine au 1er régiment de chasseurs à cheval, qui a bien voulu me le donner.

Collection Mocquerys.

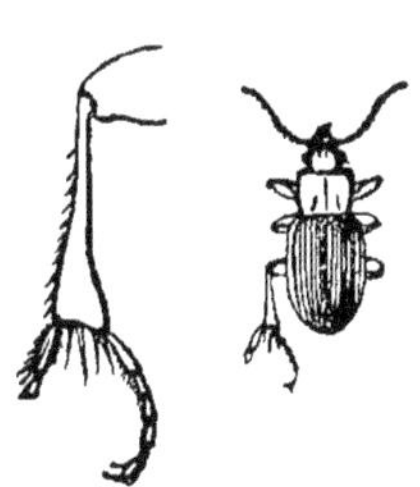

CHLÆNIUS NIGRICORNIS Fab.

La jambe postérieure gauche, élargie à sa partie inférieure, donne naissance à deux tarses, dont un est incomplet; mais, d'après le développement des deux articles qui restent du second et le vide que présente le deuxième article à son extrémité, on peut supposer que l'insecte est éclos avec deux tarses complets.

Cet insecte a été trouvé à Troyes, par M. Legrand, agent-voyer en chef du département de l'Aube, qui me l'a donné.

Collection Mocquerys.

BRACHINUS CREPITANS Lin.

Le tarse de la jambe postérieure du côté droit se termine par deux crochets articulés tous deux séparément sur le quatrième article de ce tarse, modifié comme l'indique la gravure.

Cet insecte a été trouvé dans les environs de Rouen, et m'a été donné par M. Augustin Alexandre, entomologiste amateur à Rouen.

Collection Mocquerys.

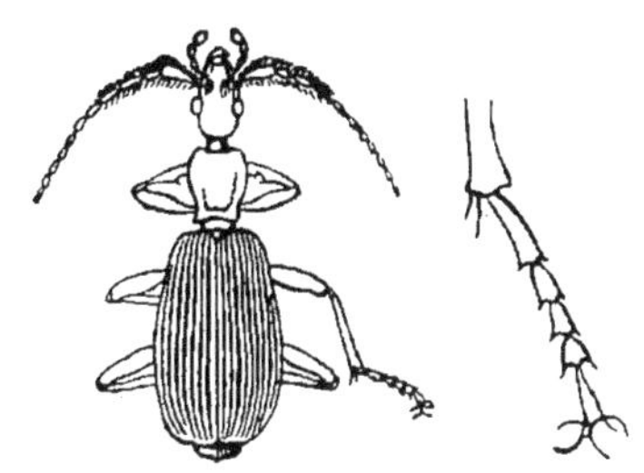

GALERITA AFRICANA Dej.

La jambe médiane du côté droit porte un tarse normal, dont le cinquième article est armé de cinq crochets.

Cet insecte faisait partie de la riche collection de coléoptères de M. le comte Georges de Mniszech, qui a bien voulu m'en faire don.

Collection Mocquerys.

CALATHUS CISTELOIDES Illig.

La jambe antérieure du côté droit va en s'élargissant depuis son articulation avec la cuisse; son extrémité élargie reçoit les articulations de deux tarses, dont le plus en arrière est normal; mais le premier article du tarse antérieur, qui est élargi, reçoit les articulations de deux rameaux de tarses, composés chacun de quatre articles, ce qui porte à quatorze le nombre de ces derniers.

Trouvé à Augsbourg, en 1832, par M. Hoffmann, de Munich (Bavière).

Collection de M. le Sénateur de Heyden,
A Francfort-sur-le-Mein.

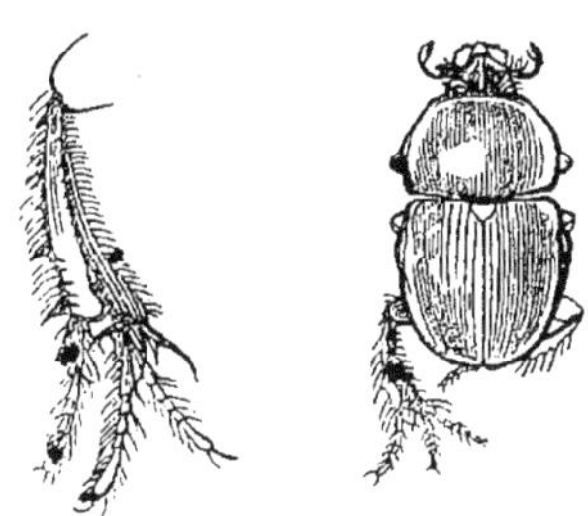

GEOTRUPES VERNALIS Fab.

La jambe postérieure du côté gauche, un peu élargie à son extrémité, reçoit les articulations de trois tarses complets et bien développés.

Cet insecte a été trouvé à Darmstadt (Hesse) par le colonel Klingelhoffer.

Collection de M. le Sénateur de Heyden.

PLATYCERUS CARABOIDES Lin.

La jambe postérieure gauche de cet insecte se termine par un tarse dont les trois derniers articles portent chacun un double crochet.

Cet insecte m'a été donné par M. Just Bigot, amateur à Paris.

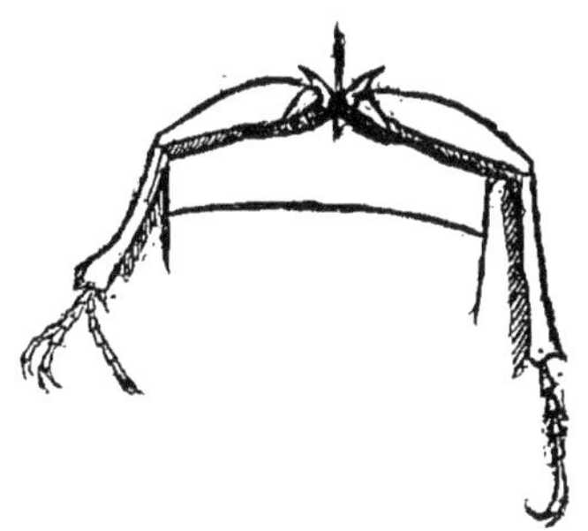

MELOLONTHA VULGARIS Fab.

La jambe postérieure du côté gauche*, élargie à son extrémité, donne attache à deux tarses : l'un, dirigé en dedans, est composé de cinq articles grêles ; l'autre, dirigé en dehors, présente d'abord trois articles normaux ; le troisième reçoit deux articulations qui forment deux branches, composées chacune de deux articles avec double crochet.

Cet insecte m'a été donné par M. Chevrolat, coléoptériste très distingué de Paris.

* Ce dessin représente l'insecte à l'envers.

Gibbosités en plus.

DEUX GEOTRUPES SYLVATICUS Panz.

Dont les élytres présentent chacune une protubérance demi-sphérique très lisse à peu près semblable, à la partie postérieure et moyenne de chacune d'elles, comme l'indique la gravure ci-dessus.

L'un a été trouvé près Rouen, par M. Laloi, docteur-médecin, actuellement à Belleville, près Paris.

L'autre, dans la même localité, forêt Verte, près Rouen, par M. E. Mocquerys.

Collection Mocquerys.

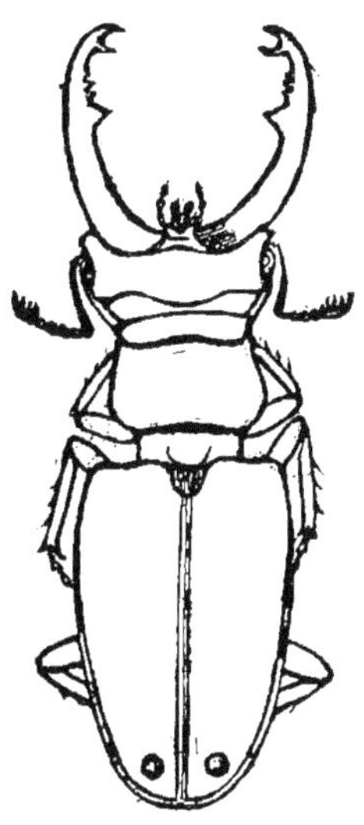

LUCANUS CERVUS L.

Présentant à la partie postérieure de ses deux élytres deux protubérances demi-sphériques très lisses, de la grandeur indiquée dans la gravure au trait ci-dessus.

Trouvé dans les environs de Rouen, par M. E. Mocquerys, en 1851.

COLLECTION MOCQUERYS.

TIMARCHA RUGOSA Fab.

L'extrême difformité de cet insecte m'ayant permis de voir le dessous de ses deux élytres, j'ai reconnu que les gibbosités n'en sont pas seulement externes, comme je le croyais; elles n'offrent point, en effet, à la partie inférieure de l'élytre anormale un creux correspondant aux saillies, et sont, au contraire, aussi prononcées en dessous qu'en dessus.

Afin de savoir s'il en était de même chez les Geotrupes et Lucanus, figurés pages 71 et 72, je les ai ramollis et j'ai reconnu que chez tous, les protubérances étaient égales dans les deux sens.

Cela m'a remis en mémoire ce qu'a dit Swammerdam relativement au Monoceros (Oryctes Nasicornis) :

« Que toutes les parties qui doivent former l'insecte par-

« fait existent déjà à l'état rudimentaire dans la larve, et « que le passage de l'état de larve à celui de nymphe n'a « pour but que de produire leur extension ou le déploiement « de ces parties, etc. »

Dans ce travail d'extension ou de déploiement, l'air doit jouer un très grand rôle; si donc l'insecte, à un moment donné, l'introduit en trop grande quantité ou avec trop de force entre les deux lames d'une élytre, il en résultera leur désunion; puis, l'effort ou la dilatation aidant, l'écartement des deux lames de l'élytre produira une gibbosité en rapport avec leurs résistances relatives.

Sauf plus mûr examen, je crois que les gibbosités n'ont pas d'autres causes.

Cet insecte monstrueux, provenant de Syrie, m'a été donné par M. Moritz, naturaliste à Paris.

COLLECTION MOCQUERYS.

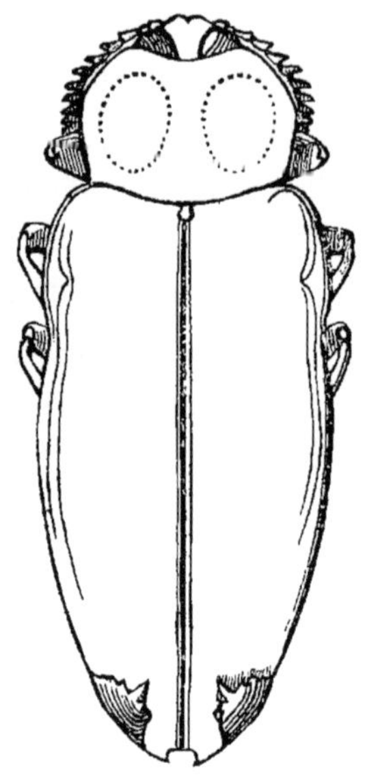

EUCHROMA GIGANTEA Lin.

Patrie : BRÉSIL.

Gibbosité à l'extrémité postérieure et externe de chacune des élytres.

Cet insecte du Brésil m'a été cédé par M. Deyrolle, naturaliste à Paris.

Collection Mocquerys.

MESOMPHALIA GIBBOSA Fab.

Patrie : BRÉSIL.

Sur la partie suturale et moyenne de chaque élytre s'élève une protubérance irrégulière, lisse et noire, offrant assez l'aspect d'une petite vessie imparfaitement gonflée.

D'après ce que j'ai publié antérieurement, et quelques autres cas qui vont suivre, on reconnaîtra que cette anomalie se produit sous des latitudes très différentes, telles que Rouen, Paris, Cayenne et la Chine.

Collection Mocquerys.

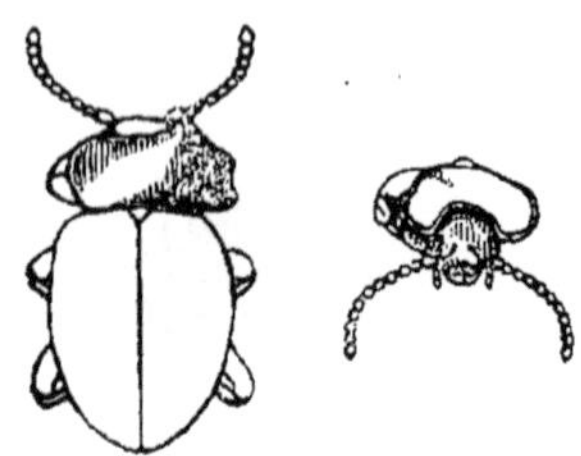

TIMARCHA TENEBRICOSA Fab.

A partir de la ligne médiane, le côté droit du corselet est développé dans des proportions exceptionnelles en largeur et surtout en hauteur.

Cette anomalie me paraît provenir des mêmes causes qui ont produit les différentes gibbosités que j'ai déjà publiées; seulement, dans celle-ci, la partie gibbeuse n'est pas lisse; elle est, au contraire, aussi pointillée que la partie normale.

Trouvé à Paris.

Collection Mocquerys.

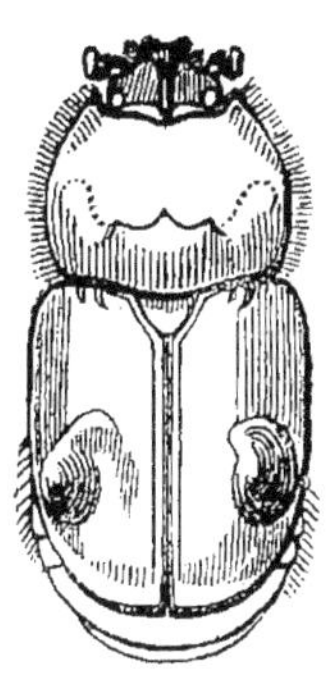

ORYCTES NASICORNIS Fab.

Gibbosité très prononcée sur chacune des élytres.

Cet insecte, provenant de la Chine, m'a été cédé par M. Deyrolle, naturaliste à Paris.

Collection Mocquerys.

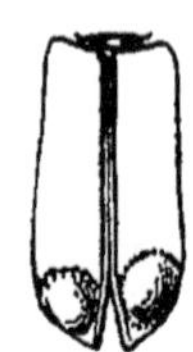

BOSTRICHUS CAPUCINUS Fab.

Les élytres de cet insecte ont chacune, à leur partie postérieure, une gibbosité demi-sphérique d'une ponctuation irrégulière et assez forte, sur un fond lisse.

Cet insecte m'a été donné par M. Rouget, de Dijon.

Collection Mocquerys.

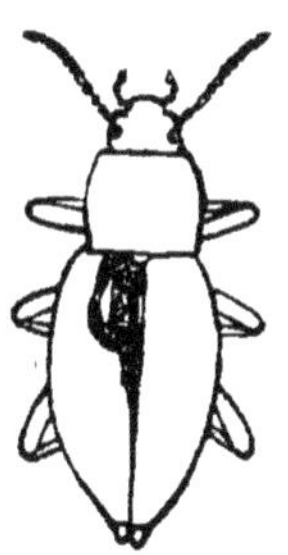

BLAPS { MUCRONATA Lat. CHEVROLATI Sol.

Gibbosité à l'élytre gauche.

Il paraît que les élytres ne se soudent (au moins dans cette espèce) que quelque temps après leur développement, puisque la cause qui a produit une protubérance à l'une d'elles l'a séparée de sa congénère dans une assez grande étendue, sans occasionner de déchirement.

Cela n'a pas empêché la soudure de s'effectuer à la partie postérieure des élytres, point où elles se sont retrouvées en contact.

Je n'ai gravé cet insecte que pour appuyer cette observation.

Trouvé au Mont-aux-Malades, près Rouen, par M. Victor Delalande, coléoptériste, qui m'en a fait don.

Collection Mocquerys.

2e CLASSE.

Monstruosités par déficit dans le nombre des parties.

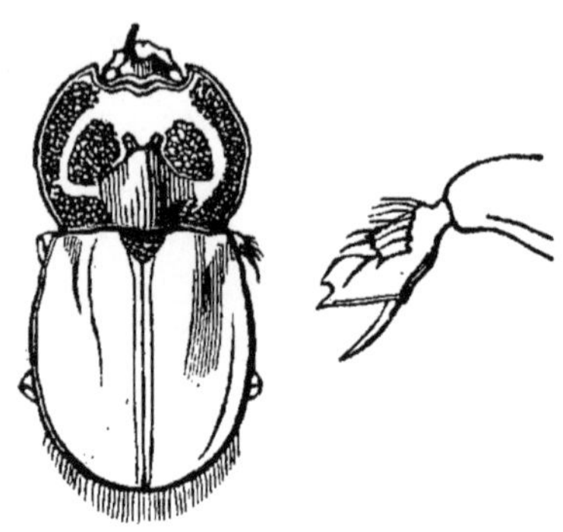

HETEROGOMPHUS THOAS Burm.

Une corne en moins, la jambe intermédiaire du côté droit incomplétement développée et sans tarse, deux difformités qui pourraient bien provenir de la même cause : le jeûne de la larve. Alors la nymphe n'aurait pas eu assez de force pour déployer toutes ces parties.

Je ne puis admettre l'opinion inverse, qui attribue à l'abondance ou à la succulence des aliments la production de parties en plus*.

Cet insecte, du Brésil, m'a été cédé par M. Deyrolle, naturaliste à Paris.

Collection Mocquerys.

* Annales de la Société Entomologique de France, année 1834, page 172 (note 1).

 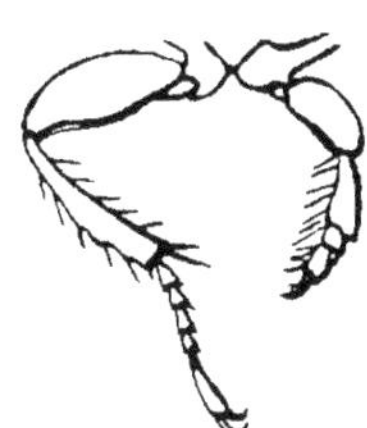

HETERORHINA NIGRITARSIS Hope.

Avortement de la cuisse, de la jambe, du tarse réduit à deux articles, et même d'un des crochets qui est à peine visible.

Toutes les parties anormales réunies n'égalent pas en longueur la cuisse droite bien développée du même insecte.

Cet arrêt dans le développement est l'anomalie la plus fréquente. Pour s'en rendre compte, il faut se reporter à un principe fondamental en Entomologie : c'est que le développement des membres s'opère par la projection d'un fluide gazeux.

Deux causes distinctes produisent donc les atrophies : la première, si l'origine du membre, à sa jonction avec le corps, présente un orifice insuffisant pour le passage du fluide extenseur ; et la seconde, si, pendant le développement, une pression accidentelle est opérée sur un point quelconque du trajet.

Dans le premier cas, le membre est entièrement atrophié, et, dans le second, le désordre se manifeste à partir du point où le passage a été intercepté complétement, ou seulement rétréci. Les effets varient donc suivant le point de départ ou la puissance de l'obstacle.

Cet insecte, provenant des Indes-Orientales, m'a été cédé par M. Deyrolle, marchand-naturaliste à Paris.

Collection Mocquerys.

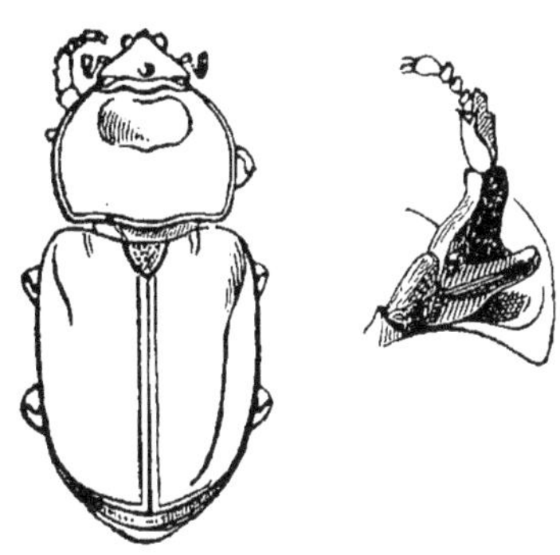

ORYCTES NASICORNIS Lin.

Cuisse antérieure du côté gauche avec un appendice ou apophyse externe en plus.

Comme on remarque une dépression vers la partie extrême de la cuisse, et que tout en-deçà est comme tuméfié et est au-delà tout rachitique, on pourrait croire que cette anomalie s'est produite pour employer les substances qui devaient servir au développement complet de la jambe, qui est courte et grêle, et du tarse, qui n'a que quatre petits articles. Cela viendrait à l'appui de l'opinion que j'ai émise à propos d'un Heterorhina nigritarsis (voir page 84).

Trouvé à Evreux par M. E. Mocquerys.

Collection Mocquerys.

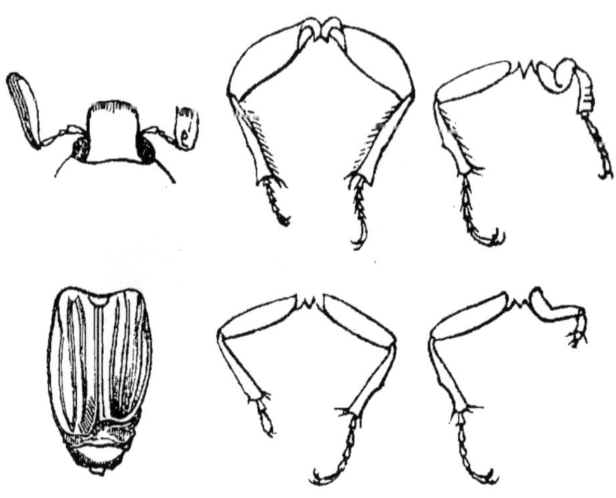

MELOLONTHA VULGARIS Fab.

Parties anormales de six individus de la même espèce, dont cinq ont été capturés par mon fils dans une seule chasse. La tête du sixième, dont l'antenne droite est avortée, appartient à un mâle.

Un moment j'avais espéré trouver un hermaphrodite; mais j'ai acquis la preuve que c'était un mâle.

Pris à Saumur, par M. Martigné, qui m'en a fait don.

Collection Mocquerys.

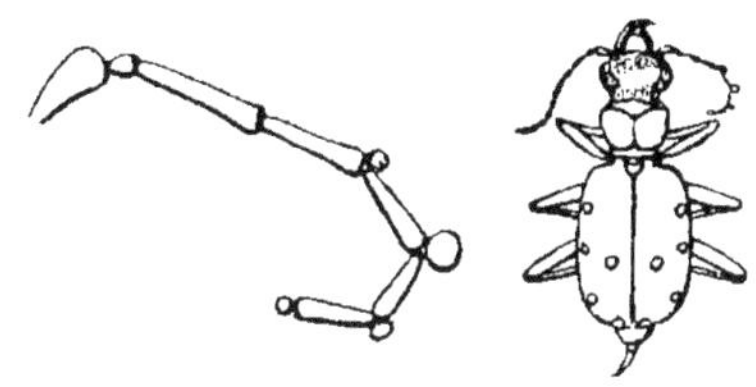

CICINDELA CAMPESTRIS Lin.

Antenne droite composée de sept articles et de quatre tubercules sphériques.

Le détail grossi de l'antenne indique la place et le volume comparatif des tubercules, dont le nombre autorise à penser que chacun d'eux est composé des éléments qui devaient former un article.

Cet insecte anormal m'a été donné par M. le comte Georges de Mniszech.

Collection Mocquerys.

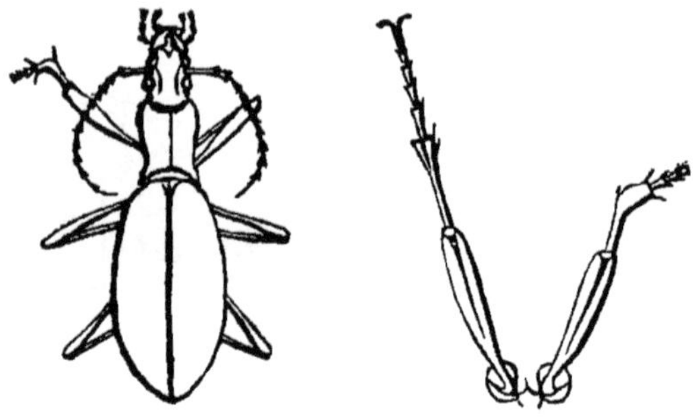

CARABUS INTRICATUS Lin.

La jambe antérieure du côté gauche, qui est courte à partir du milieu, se dirige à angle obtus à l'extérieur et se termine par un faible tarse composé de trois articles.

Cet insecte a été capturé et m'a été offert par M. Levoiturier, zélé coléoptériste d'Elbeuf.

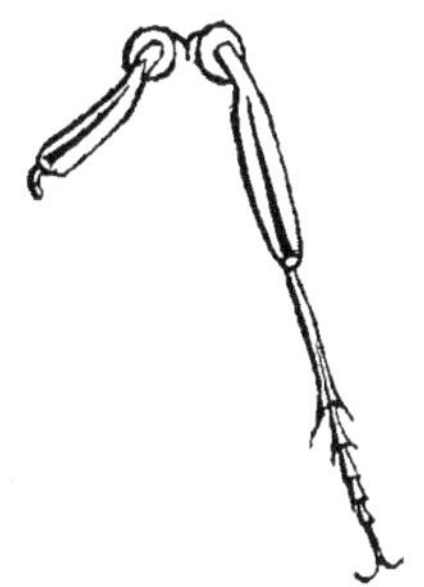

CARABUS INTRICATUS Lin.

Cuisse moyenne du côté droit légèrement arquée, n'ayant guère plus de moitié de sa longueur normale et terminée par un article de tarse.

Cet insecte a été capturé dans la même chasse que le précédent par M. Levoiturier, qui m'en a fait don.

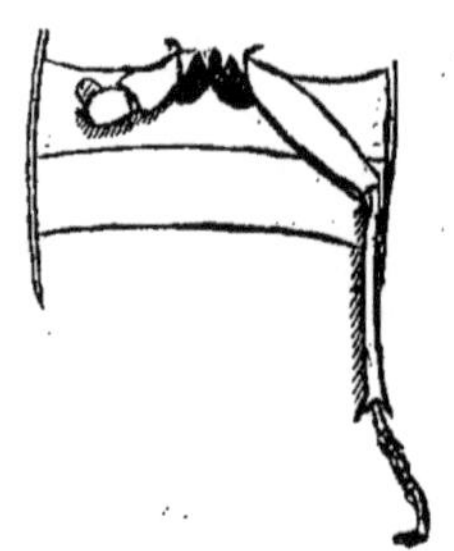

MELOLONTHA VULGARIS FAB.

Tout le membre médian du côté gauche * n'est représenté que par un faible moignon terminé en pointe.

Le membre postérieur du même côté ne possède qu'un rudiment de cuisse terminé par une masse informe d'où s'échappe un double crochet.

Capturé à Evreux par mon fils.

* Ce dessin représente l'insecte à l'envers.

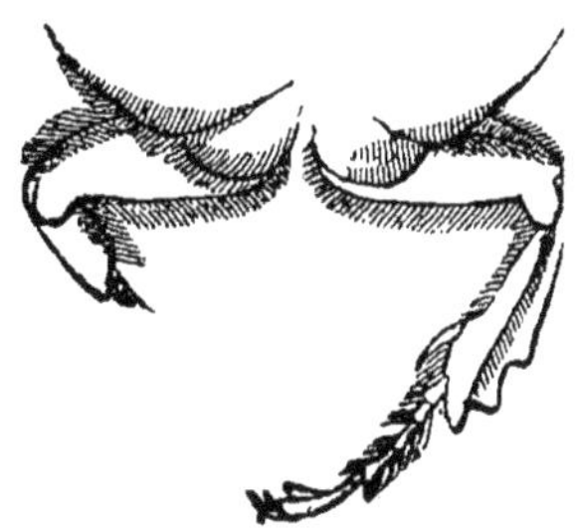

ORYCTES NASICORNIS Lin.

Le membre antérieur gauche de cet insecte est complètement atrophié*.

La cuisse est grêle, et la jambe, qui n'est développée qu'au quart de sa congénère, se termine par deux faibles crochets.

J'ai déjà émis mon opinion sur les causes possibles de cette anomalie (voir page 84).

Cet insecte m'a été donné par M. Ducoudray, proviseur du Lycée de Lons-le-Saulnier.

* Ce dessin représente l'insecte à l'envers.

MALLASPIS LEUCASPIS Guérin ♀.

Antenne gauche * difforme et composée de neuf articles seulement.

Cet insecte du Brésil m'a été donné par M. Chevrolat.

* Ce dessin représente l'insecte à l'envers.

SILPHA ATRATA Lin.

Son antenne gauche * n'est composée que de deux articles, dont le dernier est d'une forme ovoïde lisse.

Cet insecte m'a été offert par M. Chevrolat, de la part de M. Thévenet.

* Ce dessin représente l'insecte à l'envers.

STERNOCERA CHRYSIDIOIDES

CASTELN. ET GORY.

PATRIE : INDES ORIENT.

L'anomalie de cet insecte ne réside que dans l'antenne droite *, qui, au lieu d'avoir onze articles, n'en possède que neuf.

Le septième et le huitième étant plus gros que ceux qui les précèdent et celui qui termine l'antenne, on peut supposer que les deux articles, comparativement volumineux, ont absorbé ce qui était destiné aux deux articles manquants.

M'a été offert par M. le comte de Mniszech, qui est possesseur d'une des plus riches collections connues en coléoptères.

* Ce dessin représente l'insecte à l'envers.

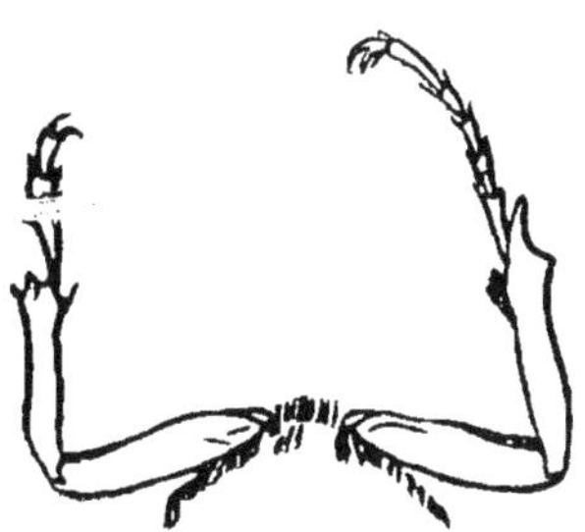

MELOLONTHA VULGARIS Fab.

Dont la jambe antérieure du côté droit * donne l'articulation à un tarse composé de trois articles terminés par un double crochet.

Capturé à Evreux par mon fils.

* Ce dessin représente l'insecte à l'envers.

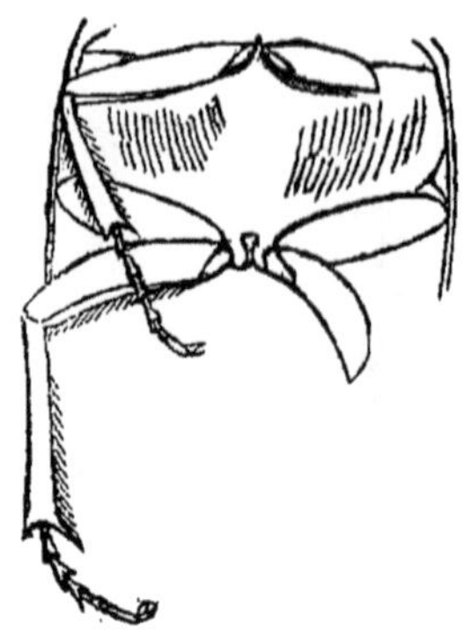

MELOLONTHA VULGARIS Fab.

Cuisses médiane et postérieure du côté droit se terminant en lame très mince.

Cet insecte a été capturé à Evreux par mon fils.

3e CLASSE.

—

Monstruosités sans causes appréciables.

—

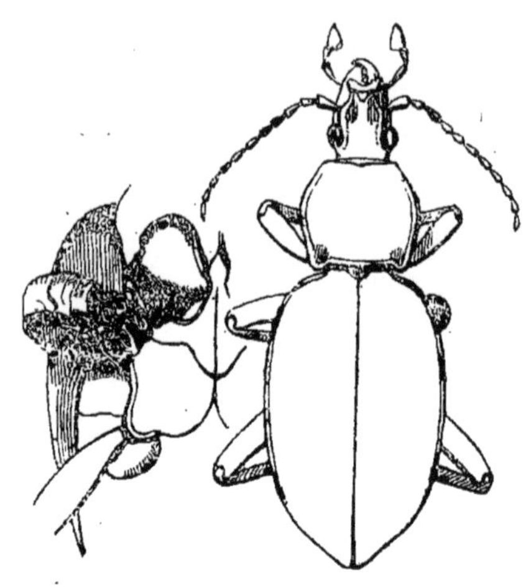

PROCERUS OLIVIERI Dej.

Patrie : ROUMÉLIE.

Cuisse, jambe et tarse intermédiaires droits confondus en une masse ovoïde irrégulière, présentant à sa partie inférieure plusieurs aspérités, d'une desquelles sort un rameau semblable à un article de tarse terminé par un crochet simple. A l'origine de l'articulation de cette masse avec la hanche, on reconnaît d'abord un fragment de trochanter suivi d'une cuisse recourbée sur elle-même, enflée et comme contenant à son intérieur une partie des pièces qui devaient compléter le membre. Les saillies de la partie inférieure permettent de supposer qu'au moins les trois derniers articles d'un tarse terminé par un double crochet existent tout formés à l'intérieur.

Les partisans du système de développement des insectes à l'instar des lunettes de spectacle trouveront là un argument à l'appui de leur opinion ; mais j'ai, pour ne pas y croire, des raisons appuyées sur des faits nombreux.

Ce curieux et bel insecte m'a été donné par M. Lespès, professeur au collège de Bordeaux.

COLLECTION MOCQUERYS.

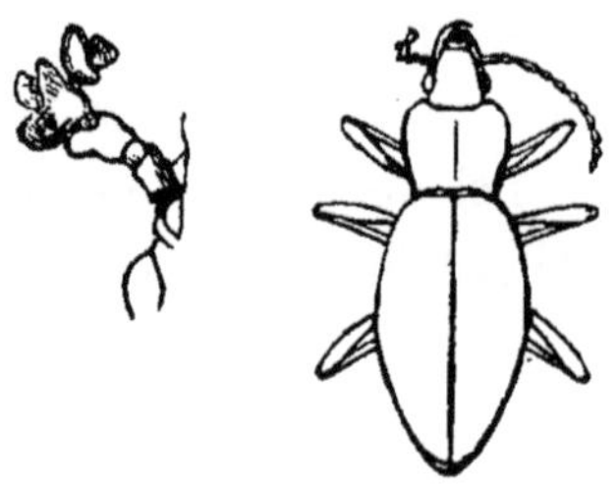

CARABUS CATENULATUS Fab.

Antenne du côté gauche monstrueuse et composée de cinq articles, dont le quatrième est tribolé et le dernier bilobé.

Cet insecte a été trouvé à Caen, par M. Fauvel, qui me l'a donné.

Collection Mocquerys.

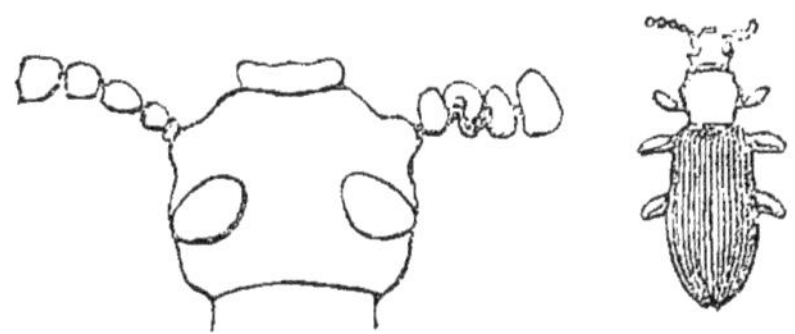

GONIODERA { REPANDA Fab.
ANGULATA Dej. (cat.) }

Patrie : BRÉSIL.

Antenne du côté droit composée de cinq articles difformes. Le dessin grossi donne parfaitement les proportions relatives de l'anomalie. Des cinq articles restant de l'antenne gauche, le dernier présente une cavité articulaire, et tous le volume habituel et la forme normale ; d'où je conclus que ce qui manque n'avait rien d'extraordinaire.

Cet insecte m'a été communiqué par M. le comte Georges de Mniszech, et fait partie de sa riche collection.

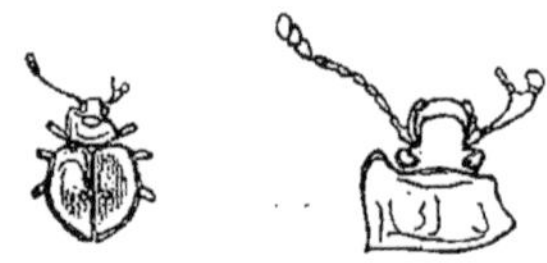

CORYNOMALUS CRUCIATUS Lat.

Le deuxième article de l'antenne du côté droit est d'un volume comparativement considérable ; il va en grossissant à partir de son articulation jusqu'aux deux tiers de son étendue, point où il en sort un petit rameau de quatre articles dirigés en avant ; puis il se rétrécit assez brusquement pour coopérer à l'articulation des deux articles qui terminent l'organe.

Cette monstruosité antennaire, due très probablement à un accident qui a gêné la distribution normale de la substance et, en même temps, arrêté le développement complet du corselet, n'a aucun rapport avec la bifurcation et la trifurcation des antennes que j'ai déjà signalées précédemment.

Cet insecte a été capturé à Moyabamba (Pérou) par M. Baraquin, naturaliste-chasseur, et m'a été donné par M. Moritz, naturaliste à Paris.

Collection Mocquerys.

TÊTE DE LUCANUS CERVUS Lin.

Présentant une difformité dans la mandibule gauche.

Trouvé à Orival, près Elbeuf, par M. Alexandre Levoiturier, en 1852.

Collection Mocquerys.

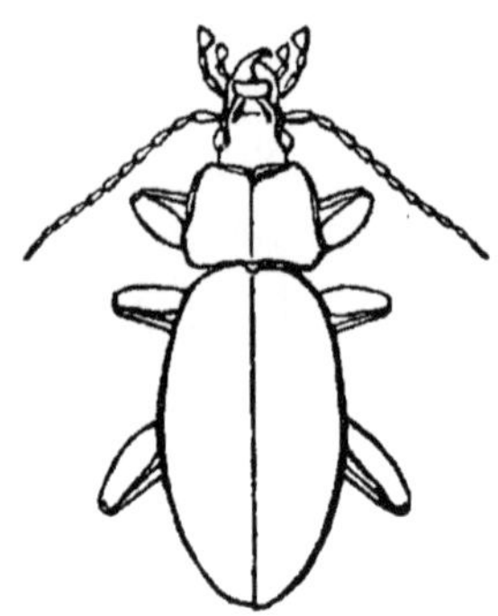

PROCRUSTES CORIACEUS Lin.

Chez cet individu, les angles postérieurs du corselet sont tellement arrondis, qu'à première vue on le prendrait pour une espèce nouvelle.

Cet insecte fait partie de la collection de M. Jacquelin du Val, qui a bien voulu me le communiquer.

AGONUM PICIPES Fab.

Cuisse postérieure gauche élargie à sa partie moyenne antérieure ; l'élargissement se termine en pointe obtuse.

Collection Mocquerys.

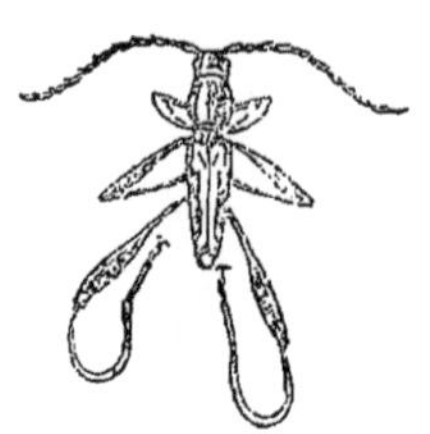

EURYSCELIS SUTURALIS Oliv.

Jambes postérieures dont les tibias sont arqués de dehors en dedans et se dirigent en haut.

Malgré cette difformité, l'insecte, que j'ai pris vivant, n'était pas gêné dans ses mouvements et se servait de ses jambes postérieures avec autant de facilité que ses pareils qui n'avaient pas d'anomalies.

Pris en nombre, à Rouen, avec d'autres espèces de longicornes, dans un navire chargé de bois de teinture, venant du cap Haïtien (Saint-Domingue).

Collection Mocquerys.

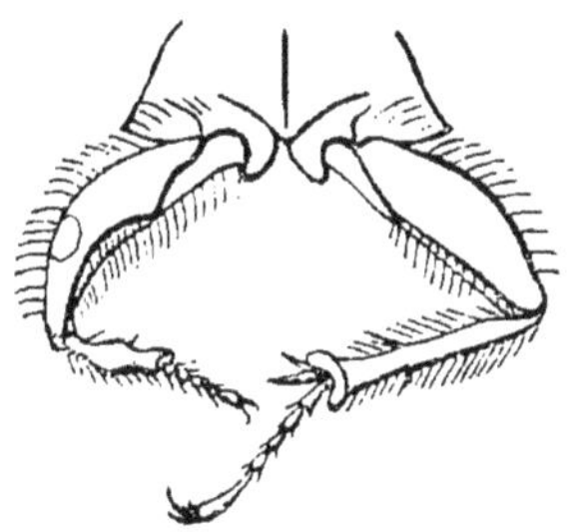

MELOLONTHA VULGARIS Fab.

Atrophie de la jambe postérieure droite*.

J'attribue pour cause à cette difformité une pression accidentelle qui a dû avoir lieu vers le bas de la cuisse droite dans le temps que l'insecte passait de l'état de larve à celui d'insecte parfait.

A partir du bas de la cuisse, la jambe, le tarse et les crochets sont atrophiés ; la force expansive n'a pas pu vaincre toute la résistance résultant de la pression.

On retrouve bien toutes les parties de la jambe, mais à l'état rudimentaire.

La même cause a produit l'effet contraire à la partie supé-

* Pour rendre cette difformité plus appréciable, la jambe est figurée ici à peu près au double de sa grandeur naturelle.

périeure de cette même cuisse : elle est plus longue et plus arquée, et la corrélation de ces deux résultats confirme mon opinion.

Ce fragment anormal m'a été donné de la manière la plus aimable par M. A. Lefebvre, de Bouchevilliers (Eure), qui a trouvé vivant dans son jardin cet insecte, dont un accident a détruit la partie antérieure.

Ce n'est pas l'anomalie la plus intéressante trouvée par cet amateur, car en 1824, dans le Val-di-Noto, en Sicile, il capturait le curieux *Scarites Pyracmon,* publié vers cette époque par M. Guérin dans son *Magasin Entomologique,* pl. 40.

COLLECTION MOCQUERYS.

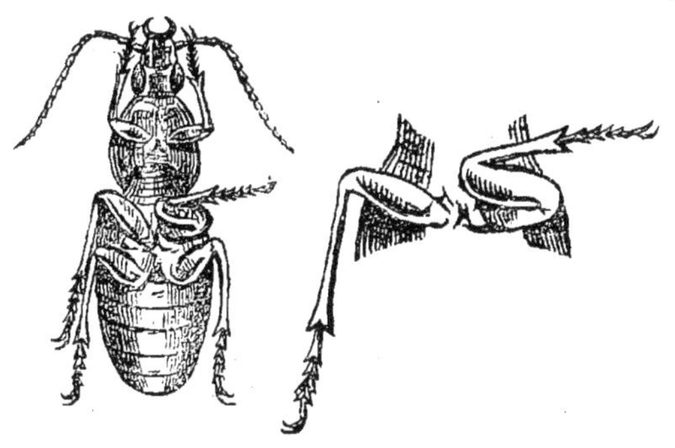

FERONIA EXARATA Dej.

Atrophie de la cuisse gauche de la deuxième paire, qui est en même temps contournée et renversée.

Cet insecte, provenant des Pyrénées orientales, m'a été donné par M. J. Bourgeois.

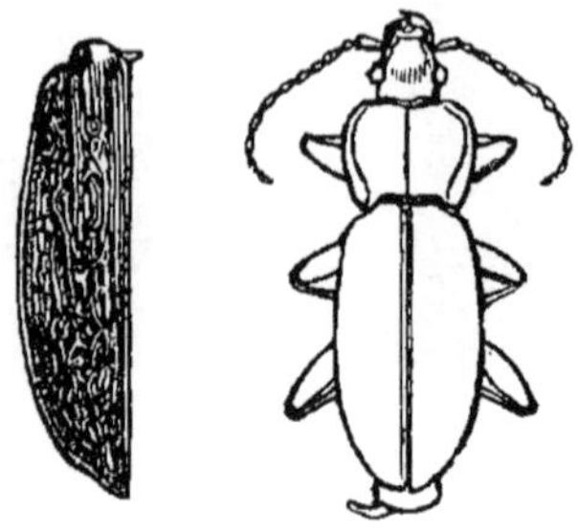

CARABUS MONILIS Fab.

Elytres rétrécies de manière que les lignes et les points élevés se sont confondus ensemble pour former un réseau, comme l'indique la gravure.

Cet insecte a été pris en 1850, dans une prairie sur les bords du Loir, près Vendôme, par M. Grandin, capitaine au 7e régiment de chasseurs à cheval, qui a eu la bonté de me le donner.

Collection Mocquerys.

CARABUS AURATUS Lin.

Corselet non symétrique.

Cet insecte a été trouvé à Beauvais, par le F.·. Milhau, qui m'en a fait don.

Collection Mocquerys.

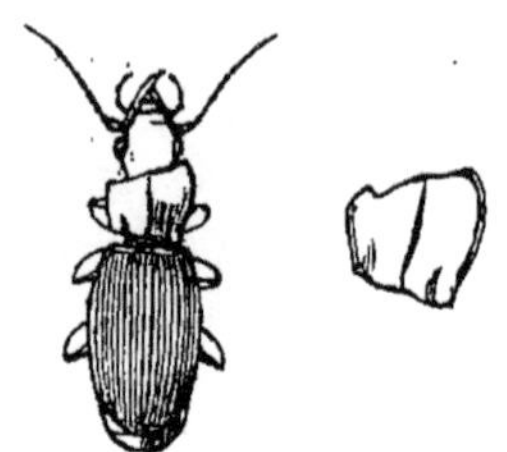

PTEROSTICHUS PARUMPUNCTATUS Germ.

Corselet irrégulier.

J'ai trouvé cette difformité assez considérable pour la publier.

Dans la vie, cet insecte devait parcourir une ligne courbe et même d'un petit rayon.

La direction à peu près rectiligne de l'ensemble, tel qu'il est ici figuré, n'a pu être obtenue qu'en redressant l'insecte et le maintenant dans cette position jusqu'à complète siccité.

Ce coléoptère m'a été offert par M. Murray, d'Edimbourg (Ecosse).

Collection Mocquerys.

NECROPHORUS VESTIGATOR Hersch.

Corselet irrégulier.

Cette difformité, que j'avais tout d'abord supposée très rare, est représentée douze fois.

Cet insecte m'a été donné par M. Moritz, naturaliste à Paris.

Collection Mocquerys.

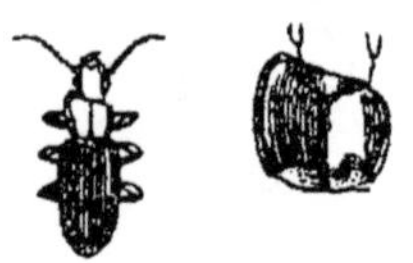

PATROBUS RUFIPES Gyl.

Corselet irrégulier.

Cet insecte a été trouvé à Rouen par M. Lebouteiller, qui m'en a fait don.

Collection Mocquerys.

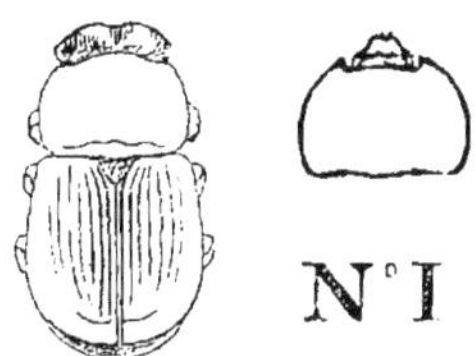

PENTODON MONODON Fab.

Voici un insecte dont les dimensions monstrueuses de la tête ont occasionné une déformation si considérable, que je me suis demandé si c'était une hypercéphalie ou une bicéphalie ; mais comme la tête n'a que deux yeux et deux antennes, elle est unique.

J'ai trouvé cette anomalie si intéressante, que, pour faciliter la comparaison, j'ai gravé à côté, sous le n° 1, le corselet et la tête d'un individu de même espèce à l'état normal.

Quand on a bien voulu me communiquer ce curieux insecte, il faisait partie de la collection de feu M. le Sénateur de Heyden, de Francfort-sur-le-Mein, et il figure très probablement aujourd'hui dans celle de son fils.

PROCRUSTES IMPRESSUS Klug

Voici un insecte dont la déformation du côté droit du corselet est certainement due à un accident arrivé dans le temps que la nymphe travaillait à la solidification de son enveloppe : les parties refoulées font saillie en dessus et en dessous.

Cet insecte a été capturé à Jérusalem par M. de Saulcy, qui m'en a fait don.

MALLODON CHEVROLATI Thoms.

Patrie : MEXIQUE.

Corselet non symétrique *

Cette difformité, qui se rencontre dans beaucoup d'espèces différentes et sous toutes latitudes, est-elle originelle ou accidentelle ?

Pour moi, je n'ai pas encore reconnu la trace d'une cause accidentelle.

Cet insecte m'a été communiqué par M. Sallé, entomologiste, à Paris.

* Ce dessin représente l'insecte à l'envers.

PROCULUS MNISZECHI Kaup

Patrie : GUATÉMALA.

Du premier article de l'antenne droite *, qui se termine en boule, sort par articulation un prolongement en forme de massue ondulée et bossue, dans laquelle on ne peut reconnaître aucun indice de la forme normale.

Cet insecte m'a été communiqué par un coléoptériste distingué, M. Aug. Sallé, de Paris.

* Ce dessin représente l'insecte à l'envers.

CARABUS MORBILLOSUS Fab.

Patrie : **LITTORAL MÉDITERRANÉEN.**

Corselet non symétrique.

Anomalie que je suppose être due à une cause extérieure, attendu que ce qui manque à droite est en trop du côté gauche, ce qui lui donne une obésité toute différente de la forme normale.

Collection Mocquerys.

CALOSOMA { INVESTIGATOR ILL.
SERICEUM STURM }

PATRIE : RUSSIE MÉRID.

Le lobe droit du corselet de cet insecte manque entièrement, ce qui a forcé la tête à s'incliner du côté du vide, comme la gravure l'indique.

Je ne crois pas que l'on puisse attribuer cette anomalie à un accident, attendu qu'on ne voit aucune trace de la partie manquante, et que la partie antérieure de l'élytre droite est dans un état normal de développement.

C'est ici le cas de compléter l'opinion du savant français Lémery *, qui dit en termes absolus que les parties qui viennent en moins ont péri.

Cet insecte m'a été donné par M. Fauvel, de Caen.

* Voir page 3 (Carabus monilis).

SILPHA RETICULATA Fab.

Silphe dont le lobe gauche du corselet manque totalement.

Tout ce que j'ai dit, page 123, à propos du *Calosoma investigator*, est applicable à cet insecte.

Il m'a été donné par M. E. de Saulcy.

LEISTUS FERRUGINEUS Lin.

A la cuisse antérieure gauche est articulée une jambe qui porte, à sa partie externe, un appendice de longueur et largeur considérables, eu égard au volume de l'individu. Cet appendice est resté translucide et présente une surface rugueusement ponctuée. Sa couleur est d'un jaune pâle, sauf le bord externe et une tache arrondie de couleur noire.

Collection Mocquerys.

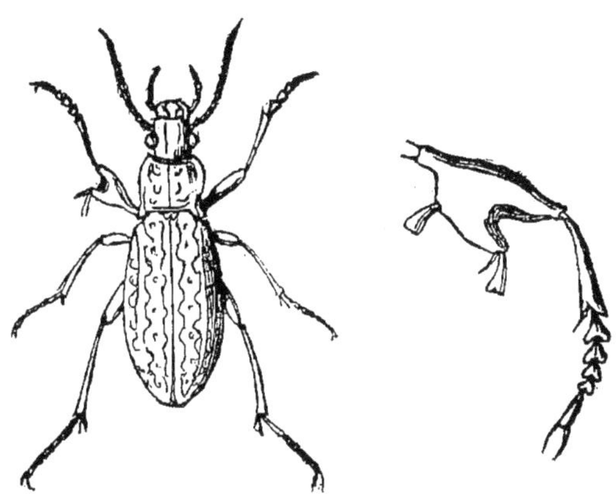

CARABUS NODULOSUS Fab.

La cuisse antérieure du côté gauche de ce *Carabus,* peu après son articulation avec le trochanter, s'élargit considérablement et se termine par deux lobes, dont le plus antérieur concourt à l'articulation d'une jambe de longueur normale, mais très grêle, ainsi que le tarse qui la termine. Le lobe postérieur donne seulement naissance à deux appendices, séparés par une épine.

Cet insecte m'a été donné par M. Lucas, aide-naturaliste au Museum d'histoire naturelle de Paris, à qui j'adresse ici tous mes remercîments.

Collection Mocquerys.

PASSALUS sp.

Patrie : TERNATE, une des Moluques (Océanie).

Corselet non symétrique.

Je publie cet insecte pour prouver que la difformité qu'il présente n'est pas localisée (voir page 120, à propos du *Mallodon Chevrolati*).

Je dois cet insecte à M. H. Deyrolle.

Collection Mocquerys.

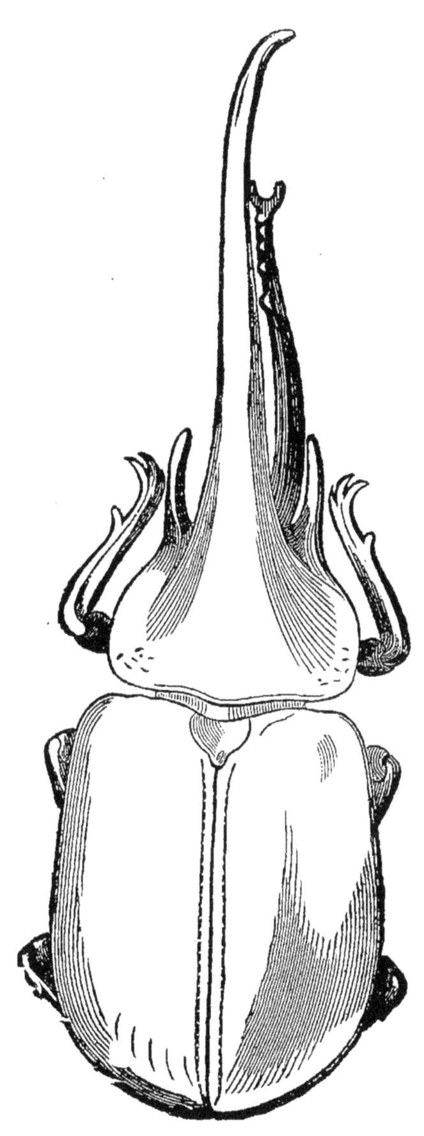

DYNASTES NEPTUNUS.

DYNASTES (THEOGENES Burm.) NEPTUNUS Quensel

SCARABÆUS JUPITER Buquet

Patrie : COLOMBIE.

La corne céphalique de cet insecte est bifurquée à son extrémité.

La rareté de cette difformité m'a engagé à la publier. M. Henri Deyrolle, qui a vu beaucoup d'individus de cette espèce, n'avait jamais rencontré une pareille anomalie. Ce savant entomologiste a bien voulu m'en faire don.

Collection Mocquerys.

NEBRIA ANDALUSIACA Rambur

Patrie : ANDALOUSIE.

Corselet non symétrique.
Cet insecte m'a été donné par M. J. Bourgeois.

Collection Mocquerys.

4e CLASSE.

—

Développement incomplet.

—

NECROPHORUS GERMANICUS Lin.

Elytres incomplètement déployées.

Cette anomalie (la plus nombreuse de toutes) est due à l'incomplet développement des élytres, qui, souvent, ne se réunissent pas à la suture et qui, passant par tous les degrés d'écartement, finissent par ne plus couvrir l'abdomen et ne pas même toucher l'écusson. Témoin ce nécrophore dont toutes les autres parties sont parfaitement développées ; ce qui me porte à croire que le déploiement complet des élytres est le travail le plus difficile que la nymphe ait à exécuter.

Cet insecte a été trouvé par M. Ch. Aubé, docteur en médecine à Paris, qui me l'a donné.

Collection Mocquerys.

PATROBUS { EXCAVATUS Payk. / RUFIPES Gyl.

Les élytres de ce coléoptère n'ont que la moitié de la longueur que comporte, à l'état normal, l'espèce sous le nom de laquelle je le signale ici.

Cette difformité donne à l'ensemble un peu du facies d'un Oxyporus ; mais les antennes, la tête, le corselet et les pattes de cet individu ne laissent aucun doute sur son attribution.

Ce curieux petit insecte a été trouvé à Paris par M. Picart, amateur, qui a bien voulu me le communiquer, et il fait partie de sa collection.

PTEROSTICHUS NIGER Schal.

Elytre gauche imparfaitement développée.

Cet insecte, dont l'anomalie est d'un médiocre intérêt, a été gravé par moi comme bon souvenir du donataire, M. Murray, d'Edimbourg.

Collection Mocquerys.

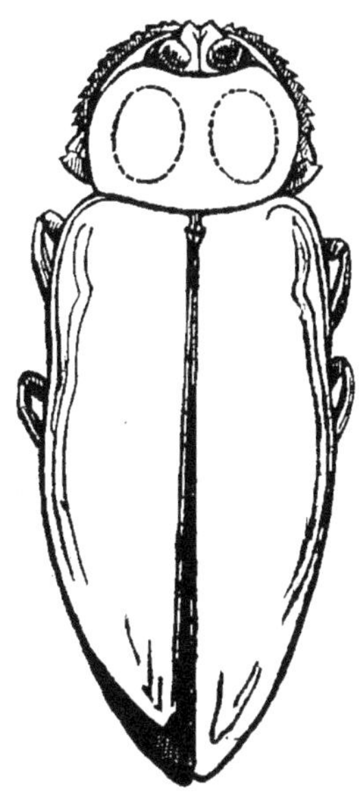

EUCHROMA GIGANTEA Lin.

Patrie : BRÉSIL.

Elytre gauche imparfaitement développée.

Collection Mocquerys.

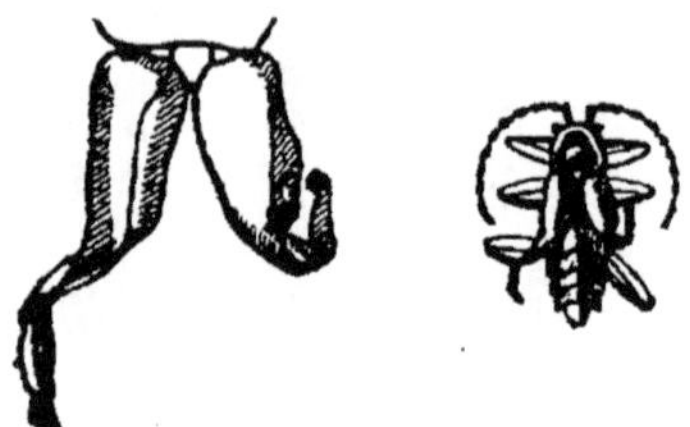

TELEPHORUS DISPAR Fab.

Elytres incomplètement déployées.

Je n'ai gravé cet insecte que pour faire connaître une des phases du développement des élytres, au moins dans cette espèce. Celles-ci ont été arrêtées et se sont solidifiées avant leur entier déploiement.

Collection Mocquerys.

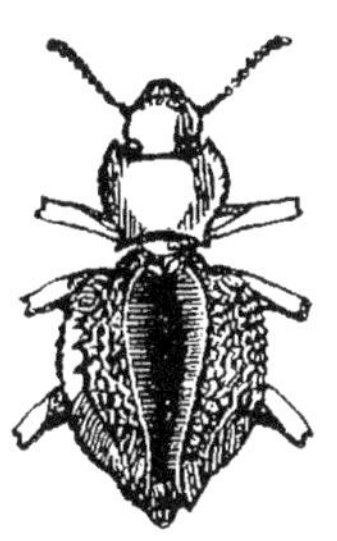

AKIS SPINOSA Lin.

Patrie : LITTORAL MÉDITERRANÉEN.

Élytres présentant un écartement considérable à la partie suturale.

Cette anomalie nous présente certainement une des phases du déploiement des élytres, et bien que cet insecte appartienne à une famille qui les ont généralement soudées, à tel point qu'on pourrait les croire d'une seule pièce, leur adhérence n'a réellement lieu qu'après leur développement, et seulement aux points de contact.

Cet insecte m'a été donné par M. Migneaux, dessinateur et graveur à Paris.

Collection Mocquerys.

CARABUS RUTILANS Dej.

Elytres atténuées à leur partie postérieure, dont les bords de suture ne sont en contact que sur la moitié de leur longueur, et qui ne recouvrent que les deux tiers du corps.

Cet insecte a été pris dans les Pyrénées-Orientales, par M. de Bonvouloir, qui me l'a gracieusement offert.

Collection Mocquerys.

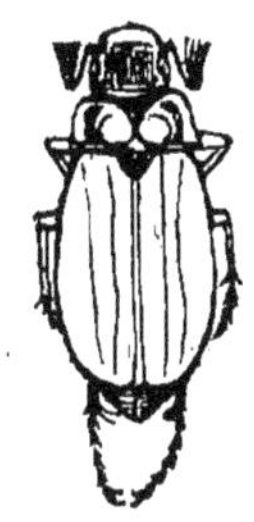

MELOLONTHA VULGARIS Fab.

Figure, au trait, d'un *Melolontha vulgaris* difforme en ce que le corselet, au lieu d'être complet, est divisé en deux lobes soudés, seulement dans une courte étendue, à la partie centrale, de manière à former, à la partie antérieure et médiane du corselet, un triangle vide qui permet de voir le derrière de la tête et le cou de l'insecte.

Dans la vie, la tête était toujours dirigée en haut.

Pris à Rouen, par M. E. Mocquerys, en avril 1852.

Collection Mocquerys.

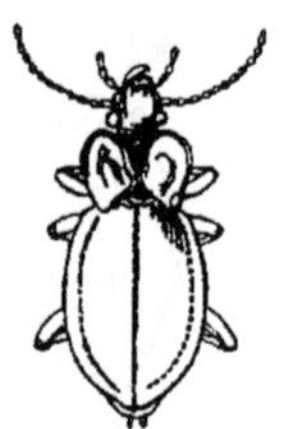

CARABUS CONVEXUS Fab.

Les deux lobes du corselet, au lieu d'être soudés dans toute leur longueur sur la ligne médiane, ne s'y réunissent que sur un point, au milieu de cette ligne.

Cet insecte offre les plus grands rapports d'anomalie avec un *Carabus Lotharingus* trouvé par M. Joanny Bruyat et décrit par M. Duponchel *, auquel j'ai emprunté partie de sa description.

Cet insecte a été capturé par M. Moritz, naturaliste à Paris, qui m'en a fait don.

Collection Mocquerys.

* Annales de la Société Entomologique de France, 1841, p. 199, pl. 4, fig. II.

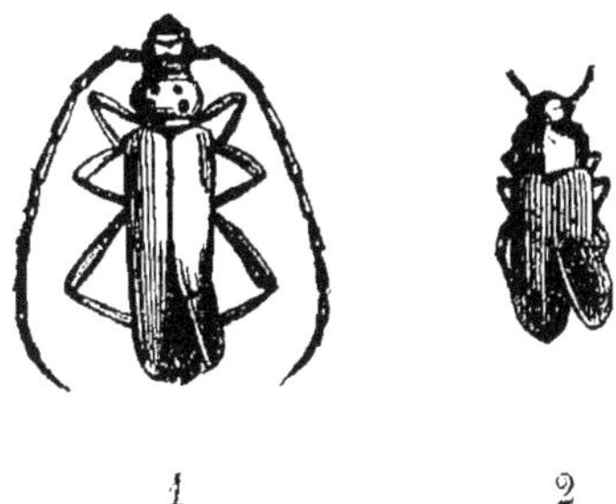

1 2

1 AROMIA MOSCHATA Lin.

2 TENEBRIO MOLITOR Lin.

Elytres imparfaitement déployées.

Voir un cas d'arrêt de développement semblable, page 137, affectant un *Telephorus dispar*.

FIN.

TABLE.

Rouen. — Léon DESHAYS, imprimeur de plusieurs Sociétés savantes.